博物之旅

天堂鸟

〔美〕丹尼尔·艾略特 著
薛晓源 主编
童孝华 胡运彪 译

商务印书馆
创于1897 The Commercial Press
2017年·北京

图书在版编目(CIP)数据

天堂鸟/(美)丹尼尔·艾略特著;童孝华,胡运彪译.
—北京:商务印书馆,2017
(博物之旅)
ISBN 978-7-100-12891-9

Ⅰ.①天… Ⅱ.①丹… ②童… ③胡… Ⅲ.①鸟类—普及读物 Ⅳ.①Q959.7-49

中国版本图书馆 CIP 数据核字(2017)第 007297 号

天堂鸟
〔美〕丹尼尔·艾略特 著
童孝华 胡运彪 译

商 务 印 书 馆 出 版
(北京王府井大街 36 号 邮政编码 100710)
商 务 印 书 馆 发 行
北京雅昌艺术印刷有限公司印刷
ISBN 978-7-100-12891-9

2017 年 4 月第 1 版 开本 720×1000 1/16
2017 年 4 月第 1 次印刷 印张 13½ 插页 1

定价 78.00 元

作者：丹尼尔・吉劳德・艾略特（Daniel Giraud Elliot，1835—1915）

美国动物学家，美国自然博物馆、美国鸟类学会和法国动物学会的创始人之一，芝加哥菲尔德自然博物馆动物学馆馆长。艾略特倾其个人财富出版了一系列关于鸟类和其他动物的精美彩色版画图书。他本人撰写文字，并委托约瑟夫・沃尔夫和约瑟夫・施密特等艺术家为书籍提供插图。两位艺术家均为英国鸟类学家和艺术家约翰・古尔德工作过。这些书籍包括《雉科鸟类》（1870—1872）、《天堂鸟》（1873）、《猫科动物》（1878）和《灵长类动物综述》（1913）。

绘者：约瑟夫·沃尔夫（Joseph Wolf，1820—1899）

德国博物学插画家。1848年，沃尔夫迁居英国，在大英博物馆工作，为众多知名探险家、博物学家配画。沃尔夫被认为是野生动物绘画艺术的伟大先驱之一，他笔下的动物生动逼真，充满灵气。英国著名动物画家埃德温·兰西尔认为："他是最优秀的动物画家，没有之一。"

他出生于乡村一个农夫的家庭。小时候的沃尔夫得以近距离观察鸟类与其他动物的生活，画起它们自然得心应手，此外，他还将形态各异的动物剪纸贴在窗子上。有人曾叫他“鸟痴”，可见他的热情非同一般。后来，狩猎也成为他的爱好。逐渐地，沃尔夫开始走上专业道路。在父亲的帮助下，他前往版画公司学习，并创作了自己的首部鸟类绘图册。

结业后，他前往法兰克福，为那里的鸟类学家路贝尔工作。不久他的作品就受到了莱顿博物馆的赏识，馆长施莱格尔聘用他为其鸟类著作配图，从而奠定了沃尔夫在欧洲的影响力。

沃尔夫枪法极佳，20岁时本应参军，但和平年代的他躲过了这种无趣的服役，得以回归艺术创作。其间，他大量绘画、临摹，并深入观察野外鸟类，直至受邀到大英博物馆为乔治·格雷的书配图。在伦敦，沃尔夫结识了众多学界人士，还找到一些达官贵人为其赞助。

鸟类学家古尔德非常赏识沃尔夫的才华，想与他签约，但被他拒绝。他更喜欢自由创作，只愿力所能及地帮助古尔德而不受羁绊，毕竟在绘画与鉴赏方面，二人的意见并不完全吻合。不仅如此，达尔文也曾邀请沃尔夫为其研究画图，但沃尔夫坚持自己对动物观察的意见，这难以迎合达尔文的某些想法。沃尔夫特立独行，极具怀疑精神。

才艺卓著的沃尔夫最终建立了自己的风格与事业，尤其在描绘动物的准确性上他人难以企及。他目光如炬，又记忆超群，每每从野外归来都能靠回想画出观察对象，被公认为“最伟大的动物画家”。

鸟类学家床上放着天堂鸟标本

主编的话

博物之旅：发现自然之美

薛晓源（中央编译局研究员）

什么是博物学？每次讲座都有热心的听众向我提问，实际上，这确实是一个难以给出标准答案的问题，也正因如此，它才有了让更多人关注、喜爱和探究的理由。我自己便在学习和探究中，领悟到了博物学的三昧。

博物，通晓众物之谓也。博物学是人类与大自然打交道的一门古老学问，也是自然科学研究的四大传统之一，现代意义上的天文学、地理学、生物学、气象学、人类学、生态学等众多学科，最初都孕育自博物学。我认为，博物学涉及了三个世界：客观知识世界、默会知识世界和生活世界。所谓客观知识世界涉及对自然的认知、分类和命名，是对客观世界的科学考察和研究；默会知识世界涉及人类难以言说的知识，是生命对自然的个体体验；生活世界涉及我们赖以生存的环境。因此，我认为实地考察、生命体验与自然教育是博物学的三个关键词，与此相关的科学认知、审美观照、环境保护也是题中之义，是需要我们认真体会和把握的。

西方博物绘画源远流长，最早可以追溯到公元前16世纪希腊圣托里尼岛上一间房屋里的湿壁画，画面上百合花和燕子交相辉映，该壁画现存于雅典国家博物馆。西方博物学著作起源也很早，古希腊哲学家亚里士多德就撰写过《动物志》；公元1世纪，古罗马老普林尼所撰《博物志》，现在看来可能是早期比较成形的博物学著作。最早的印刷花卉插图于1481年在罗马出版。1530年，奥托·布朗菲尔斯的《本草图谱》出版，它是一部集实用性与观赏性为一体的具有自然主义风格的植物图谱，从此以后博物图谱风靡欧洲，博物学著作与博物绘画这两片不同的"水域"在16世纪的欧洲出版物中开始合流和融通。科学家、探险家、画家纷纷加入其行列，涉猎人员之多，范围之广，超出了我们的想象。概括地说，西方博物绘画发端于十五六世纪；发展于十七八世纪；19世纪达到巅峰，作品爆发，大师林立，流派纷呈；19世纪末出现式微；20世纪初起大幅衰落；20世纪下半叶又开始复兴。

考虑到西方博物学名著在汉语世界相对匮乏的实情，我们编辑出版了《博物之旅》丛书，第一辑从西方浩如烟海的博物学著作中精选出六十多部大师名著，按照鸟类、昆虫、植物、哺乳动物、水生生物的分类进行编译，系统梳理了博物学巅峰时期的代表性著作。但受篇幅所限，展现在读者面前的还只是博物学的轮廓和梗概。有人说《博物之旅》第一辑像欧洲杯足球赛的"射门集锦"，美不胜收，但要是能再看几场完整的比赛就更好了。

为此，我们与相关专家和译者进行了深入探讨，以西方18、19世纪博物学繁盛时期的原典要籍为遴选对象，精心打造出《博物之旅》第二辑，给读者呈现出系列完整的"赛事"。该辑图文互秀，启深益远，旨在将科学启蒙、艺术欣赏、自然教育、趣味阅读融为一体，为读者展现一个色彩斑斓的诗意世界，一个有意义的生活世界。期待大家能在大自然的广袤与神奇中感受万物之美，更期待我们能一起走进日渐繁盛的博物学的春天！

译者序

茂林翠峰，有鸟歌鸣

童孝华（中央编译局译审）

乙未年，岁末，得艾略特专著，寻访天堂鸟。

博物书籍，林林而生，总总而群，浩如烟海处，难免被历史简化。幸而人类求本溯源的精神长存，阅读古书，好比再续前缘。翻开此作，自觉加入了一场奇异之旅，与作者同行，穿越时空；又好似进行了一次精神狩猎，跋山涉水，满载而归。

林间高地，茂林翠峰，有鸟歌鸣，往返回旋。此鸟所来悠远，姿态万千，色泽纷呈，世人唤其“天堂鸟”，又名“极乐鸟”，抑或“风鸟”。这里有一个美丽的误会：数百年前，欧洲人远征殖民，所到之处搜寻奇花异草、野兽珍禽，脚步踏满全球。在新几内亚等地，他们从当地居民那里买来剥制风干的天堂鸟标本，发现它们都没有脚，就断言这种鸟从来不会落地，直到死前始终在天空中飞翔，于是为其取名为“天堂鸟”。而真实的情况是，猎人在捕杀天堂鸟之后，为了保存方便，即时将它们的脚砍去，加上天堂鸟喜欢在深山高树上栖息，普通人难见其真容，它们的神秘感才造成了一种浪漫的错觉。其实，它们不但有脚，习性上也同普通鸟类颇为相近。又因它们羽毛华美，优雅凌于众禽之巅，所以深得收藏家与学界的钟情。如果说凡鸟的色彩是单调的，那么天堂鸟的光彩绝对是令人惊喜的。读者不但能开卷见到王极乐鸟、六线风鸟这样久违的神奇鸟种，亦能了解亭鸟独特的习性。书中写道：阿法六线风鸟“胸部上方有宽宽的金属色泽羽盾，在不同光线下呈金色、铜色和蓝绿色，中间为黑色。羽盾底部有浓密的羽毛延伸至尾羽，颜色与其余部位相同。它们时而会竖起这些羽毛，盖住后背。由于和下体其他羽毛不关联，所以可以掩藏整个身体。下体其余和背部一样，带有紫罗兰色的渲染”。任何一个富有想象力的读者，都难以不被这样的描述吸引。到底自然还能孕育何等神奇的物种？实在使人赞叹！

本书为介绍天堂鸟的上乘作品，它集合众家之谈，横跨欧洲各国，囊括历代信息。开卷启读，古尔德、华莱士、莱森等知名学者的引言穿插其中，丰富而生动地揭示学界在不同阶段对天堂鸟的研究成果。每每发现新的品种，他们都爱不忍释。此外，开篇梳理天堂鸟的研究史，追溯到百余年前的只言片语，可谓极尽详备。艾略特根据鸟类的特性大胆进行的分类，基本沿用至今，可见他的功底。后人如果有意探究，不妨将此书当作一部学术作品，潜心细读，其中的数据、年代、地理、生态等信息都会为今人的研究提供实在的素材。

作者艾略特是美国动物学家，美国自然博物馆、美国鸟类学会和法国动物学会的创始人之一，同时是芝加哥菲尔德自然博物馆动物学馆馆长。他用个人财富出版了一系列关于鸟类和其他动物的精美彩色版画图书，由他本人撰写文字，并委托约瑟夫·沃尔夫和约瑟夫·施密特等艺术家为书籍提供插图。事实上，本书汇集的是艾略特十多年实地研究与阅读的心血，而他温和友善的个性无疑使他更容易进入世界各地的博物馆，并结识各种科学家——他能在各种机构中一待就是好几个月。不过同样重要的是，这种个性使他得以跻身于有权有势的富人社交圈中，为自己的主要作品争取到赞助者。

译者特地在国内网站搜索，发现国内对天堂鸟的介绍仍旧是碎片化状态，大幅篇章落在其神秘之处无法释怀，每每谈及它们的生活与习性，则略显空乏。本书的出版显然是一份礼物，为我国博物学发展再添硕果。中国自古便有《山海经》，不单早于西方，而且对山川、草木、鸟兽、鱼虫的记载翔实可信。近代以来，科技至上，生活在钢筋水泥中的城市人与自然渐渐疏离，相比之下，今人的博物眼光难免偏狭，难及古人厚重。如何弥补，大概还要依赖阅读古人佳作，广开眼界。

或许有些质疑的声音，认为科学的进程无须倒流，解释自然的权力应留给现代。对此，本人偶然在木心先生的《文学回忆录》中得到启示："知识，要者是理解知识与知识之间的关系，如此能成智者。方法论，只是手段，不是目的。"我深以为然，现代人类不是断代产物，科学与博物学更是伯仲之情，难解难分。

不能省去的一笔，是书中绘画。纵使艾略特执笔精湛、文风古雅，将天堂鸟的形象勾勒得如梦如幻，若没有张张精彩的配图，整体的效果必定削弱。作者继承了当时鸟类学作品的出版传统，找到一流画师为其手绘，种种鸟儿跃然纸上，落实了读者的想象。而细节的工巧与准确，展现了极大的艺术魅力，也为研究者带来珍贵信息。作为主笔，沃尔夫曾为古尔德等伟大的博物学家配图，经年累月修炼技艺，成就了艺术创作的新领域。

丙申年，春浅，译此书为乐，妙不可言。

引　言

天堂鸟为何如此美丽

薛晓源（中央编译局研究员）、胡运彪（鸟类生态学博士）

天堂鸟是分布在澳大利亚东部、新几内亚和印度尼西亚南部岛屿上的鸟类，雄鸟大多羽色华丽并有极为特殊的装饰羽。早期，新几内亚地区的居民经常用天堂鸟的羽毛做装饰品。随着大航海时代的来临，16世纪早期的欧洲航海家从当地人那里获得了天堂鸟（主要是大极乐鸟）的标本并带回了欧洲。为了装饰，当地人将这些鸟的翅、腿和足去掉；欧洲人惊讶于这种鸟的美丽，但并不知晓当地人的做法，误认为此鸟终生不落地。“双名法”命名的创始人林奈将大极乐鸟的种名定为*apoda*，就是没有脚的意思。据带回标本的麦哲伦环球航行的人员之一安东尼奥·皮哥法特描述：“当地人说这些鸟来自一个叫作天堂的地方，这些鸟也被当地人称作 birds of God。”因此，欧洲人便把这类鸟叫作“天堂鸟”（bird of paradise），这便是天堂鸟名字的由来。

本书的作者艾略特先生出生于纽约，是美国自然博物馆的创始人之一，也是美国鸟类学会和法国动物学会的创始人之一，同时他还是芝加哥菲尔德自然博物馆动物学方面的负责人。1869年至1879年，他在伦敦交流，也是在此期间出版了本书。那个时期，关于天堂鸟的认识大多基于标本和部分探险家与博物学家的观察记录，由于运到欧洲的大多数标本都已残缺，以至于当时关于天堂鸟的描述杂乱无章。鉴于此，作者整理了自林奈发表《自然系统》第十版以来关于天堂鸟的著作和论文，并对历史文献一一梳理。在当时多位著名博物学家的帮助下，艾略特终于著得此书。书中精美的彩色绘图可谓张张经典，栩栩如生地再现了天堂鸟。该书是对当时所有已知天堂鸟的一次详细的梳理呈现,尽管今天看来，有些种类的描述过于简单，分类也存在问题，但通过此书，读者将很好地了解各种天堂鸟的发现历史，以及命名的变迁。我们也可以从中看出，详细的资料是如何帮助博物学家认识天堂鸟的，这也是文艺复兴以来西方博物学发展的一个缩影。通过历代博物学家和探险家的努力，今天的我们才能更全面地认识和了解我们赖以生存且多姿多彩的自然。

本书收录了 36 种（亚种）天堂鸟，并给出了一些相应的描述，是当时最经典的关于天堂鸟的巨著。本书出版于 1873 年，时至今日，书中一些鸟类的分类地位已不再适用。例如，本书所列并不全是现今分类上的极乐鸟科鸟类，还有部分园丁鸟科鸟类。作者将园丁鸟类（本书中的辉亭鸟属、园丁鸟属、大亭鸟属、猫声园丁鸟属和暗园丁鸟属）归于天堂鸟，而最新的研究证实，二者分属于不同的科，园丁鸟类已归为园丁鸟科。除此之外，有些鸟种的属名和学名现在也进行了相应的修改。为了在尊重原著的同时又能给读者以最新的知识，以免让读者对天堂鸟的认知产生混淆，我们特地编写了本书所收录的 36 种（亚种）天堂鸟的古今学名对比，以供参考（见附录）。另外，对于 bird of paradise，我国港澳台地区译作“天堂鸟”，大陆的教科书中译作“极乐鸟”，本书采用了“极乐鸟”这一译名，但在统称一类时仍称作“天堂鸟”。书中的金翅极乐鸟实为丽色极乐鸟的 *chrysoptera* 亚种，该中文名由作者命名的英文名直译过来。*Ptiloris alberti*，译者未能找到合适的中文名翻译，书中直接译作

“丽色掩鼻风鸟的 *alberti* 亚种”。劳氏园丁鸟为黄头辉亭鸟和缎蓝园丁鸟的杂交个体，迄今为止鲜有发现，现代鸟类学并未将其列为一个独立物种，此处根据其学名直译作“劳氏园丁鸟”。

如何欣赏这些美丽的天堂鸟，也引起过不小的纷争和热议。不是所有天堂鸟都有靓丽的身姿和璀璨的色彩，只有一部分雄性天堂鸟才拥有上天恩赐的华美和绚丽。总结前人的描述和审美体验，建议从静态和动态两个维度去欣赏天堂鸟。

从静态上观察，符合认知发生学的规律。如前所述，欧洲人最早发现和得到的是天堂鸟的标本。对于天堂鸟的美丽，人们主要关注以下方面：

一是天堂鸟的奇异身形。有些天堂鸟拥有奇异的饰羽，有两线，有六线，有十二线。有的饰羽直挺，翘拔而立，神采奕奕；有的饰羽柔软弯曲，妩媚可爱，优雅动人；有的饰羽颀长丰美，可达 60—70 厘米长，造型多姿，让人感到不可思议。

二是天堂鸟的羽毛璀璨夺目，绚烂无比，仿佛天边的云锦，又像雨后缤纷的彩虹，让人目不暇接，只有啧啧惊叹。

从动态上观察，在阳光照射之下，在旋转跃动之中，天堂鸟的羽毛还能发出令人炫目的金属般的色泽。可以说，柔性与刚性在天堂鸟的羽翼中得到了完美的体现。华莱士曾饱含激情地写道：“天堂鸟，它们生活在深山老林里，拥有五彩斑斓的羽毛，硕大艳丽的尾翼，腾空飞起，有如满天彩霞，流光溢彩，祥和吉利。”

雄性天堂鸟向雌性求爱时，在大地上，在树枝间，在天空中，来回摆动游弋，羽翼纵横开阖，婀娜多姿，尽展千种风姿，万般风情。看过雄性天堂鸟表演的人都说：此物只应天上有，人间哪得几回见？

无怪乎当地居民深信，这种鸟是天国里的神鸟，它们食花蜜饮天露，造物主赋予它们最美妙的形体，赐给它们最妍丽的华服，为人间带来幸福和祥瑞。

艾略特的大著《天堂鸟》的出版，使中国读者在文明世界发现天堂鸟500年后终能一睹它们的风姿和芳华。

西班牙王后头上装饰的是瑰丽的天堂鸟的羽毛

目 录

博物学家在审视天堂鸟的羽毛

序　言

天堂鸟向来因其曼妙形体与斑斓羽饰吸引着我，因而我的第四部专著选择它们作为对象。早期运到欧洲的残碎天堂鸟标本误导了不少关注者，直到最近，精进的收藏家在所属政府的扶植下找到了完整的鸟皮，才得以还原这妙物的野生状态。此处难以忽视的贡献者，便是荷兰。该国建立的莱顿博物馆堪称一流，它又派出探险家远航印度群岛，揭秘天堂鸟之神奇。该馆馆长施莱格尔教授（Prof. Schlegel），在我写作期间慷慨相助，借我难得的标本带往伦敦。古尔德先生（Mr. Gould）与已故的韦罗先生（M. J. P. Verreaux）个人收藏丰富，他们毫不吝啬地为我提供素材，君子之风，令我深感敬佩。除上述几位外，我还想对斯克莱特博士（Dr. P. L. Sclater）以及动物学会的图书管理员沃特豪斯先生（Mr. F. H. Waterhouse）表示真挚的感谢，感谢他们在我编写本书时的慷慨帮助。

沃尔夫先生（Mr. Wolf）担任画师，使本书锦上添花，读者能瞬间被其画作打动，它们的艺术性，时至今日，也很难被超越。又由 M. & N. Hanhart 印刷公司的施密特先生（Mr. J. Smit）印刷，图案精美，令人赞叹。怀特先生（Mr. J. D. White）负责版面的上色，他忠实于鸟儿的天然之美，尤其是加入了金属的光泽，可谓巧夺天工。泰勒弗朗西斯出版集团的文字排版工作更是保证了本书的质量。

感谢这些绅士们的支持，使此作得以问世。今时之成就属于每一位贡献者。

导　读

在我们已知的各个鸟类类群中，论羽毛华丽，当以天堂鸟为最。文明世界与之远隔千里，山林阻隔、气候恶劣和当地人的敌意阻滞了博物学家探索的进程，关于这种鸟的传说由此而生。有人说它们住在天空，用翅膀孵卵，可谓玄而又玄。有限贩卖到欧洲的天堂鸟鸟皮早已残缺，无人确知它们的外貌，导致早期记录含混讹误之处颇多。天堂鸟本性好动，当地人误以为它们从不栖息，加上运到欧洲的标本都没有脚，遂被林奈（Carl Linnaeus）起名为“无脚鸟”。目前看来，是不恰当的。关于其卵与巢的信息，在本书以前的文献中还暂无介绍。

迄今为止，描述天堂鸟的作品已有很多，我汇总了自 1766 年林奈出版《自然系统》第十版以来的相关重要著作，便于读者参考。

1766 年，林奈（Linnaeus），《自然系统》（*Systema Naturae*）

这位瑞典博物学家只了解 2 种天堂鸟，即大极乐鸟（原书学名为 *Paradisea apoda*，现为 *Paradisaea apoda*）[①] 和王极乐鸟（原书学名为 *P. regia*，现为 *Cicinnurus regius*）。在该书中，家八哥（*Acridotheres tristis*）也被林奈归于同属。

1781 年，福斯特（Forster），《印度生物》（*Zoologia Indica Selecta*）

① “原书学名”，即艾略特英文原著中的学名；“现为”，指当代分类系统下的学名。此部分为译者所加。下同。——译者注

林奈像

作为一名多产作家，他命名过3种天堂鸟，却错过正名机会，无人引用，今日已被遗忘[①]。

1782年，莱瑟姆（Latham），《鸟类大纲》（*General Synopsis of Birds*）

该书记录了当时所有已知的天堂鸟，但只给出了英语名，未加入拉丁语学名。莱瑟姆的疏忽成全了杰姆林（Gmelin），后者迅速增补了拉丁

① “今日”指英文原著出版时期，现在的天堂鸟中有4种学名采用了福斯特的命名，见下文。——译者注

语名，又加入9个新种，配以插图，便于识别。

1783年，博达尔特（Boddaert），《布丰鸟类图解》（*Tables des Planches Enluminées de Buffon*）

该书为布丰画出的各种天堂鸟冠以学名。像莱瑟姆一样，博达尔特没能区分鸟间的细微差别，比如他将不同发育时期的同一种鸟误认作不同鸟类，还随意起名。他将这些鸟分为极乐鸟属、戴胜属和辉极乐鸟属。这样我们就有了阿法六线风鸟（原书学名为 *Paradisea sexpennis*，现为 *Parotia sefilata*，命名人也变为上文中提到的福斯特）、华美极乐鸟（原书学名为 *P. atra*，现为 *Lophorina superba*，命名人为福斯特）、丽色极乐鸟（原书学名为 *P. speciosa*，现为 *Diphyllodes magnificus*，命名人为福斯特）、*Upupa speciosa*、*U. striata* 和绿胸辉极乐鸟（原书学名为 *Manucodia chalybea*，现为 *Manucodia chalybatus*，命名人同样为福斯特），其中 *Upupa speciosa* 和 *U. striata* 实为黑镰嘴风鸟（原书学名为 *Epimachus speciosus*，现为 *Epimachus fastosus*）雌雄个体。博达尔特的命名在当时优于其他学者，除了黑嘴镰嘴风鸟外，大多值得参考。

1786年，斯科波利（Scopoli），《花鸟志》（*Deliciae Florae et Faunae Insubricae*）

本书只有一小部分讨论鸟类学，作者为一些天堂鸟与其他鸟类起了拉丁名，并介绍了它们的习性，索纳拉（Sonnerat）曾在其著作《新几内亚游记》（*Voyage à la Nouvelle-Guinée*）中描绘过它们。其中提到的5种天堂鸟，皆已被前人命名，即王极乐鸟、华美极乐鸟、阿法六线风鸟、丽色极乐鸟和绿胸辉极乐鸟。

1788年，杰姆林（Gmelin），《自然系统》（*Systema Naturae*）

杰姆林再次整理了林奈的《自然系统》，在该版中记录了8种天

布丰像

堂鸟：大极乐鸟、王极乐鸟、丽色极乐鸟（该书中学名为 *Paradisea magnifica*）、黑蓝长尾风鸟（该书中学名为 *P. nigra*，现为 *Astrapia nigra*）、华美极乐鸟（该书中学名为 *P. superba*）、红极乐鸟（该书中学名为 *P. aurea*，现为 *Paradisaea rubra*）、十二线极乐鸟（该书中学名为 *P. alba*，现为 *Seleucidis melanoleucus*），和绶带长尾风鸟（该书中学名为 *P. viridis*，现为 *Astrapia mayeri*）。杰姆林观察到它们的习性存在差异，于是将其归于不同种类。除此之外，作者模仿林奈，把采集自菲律宾群岛的家八哥列入极乐鸟属，而该鸟实际隶属于椋鸟科，八哥属。

1790 年，莱瑟姆，《鸟类学索引》（*Index Ornithologicus*）

该书收录了 12 种天堂鸟，全部列于极乐鸟属，其中 8 种归类正确。*P.*

cirrhata 是丽色极乐鸟，*P. furcata* 是华美极乐鸟，*P. chalybea* 是绿胸辉极乐鸟，*P. leucoptera* 是什么很难确定，应该是根据伪造的标本命名的。

1801 年，莱瑟姆，《鸟类大纲补遗》（*General Synopsis Supplement*）

在鸫类标本中发现了一种来自澳大利亚的雄性幼鸟，名为黄头辉亭鸟（*Sericulus chrysocephalus*），属于园丁鸟。

1802 年，维洛特和奥德贝尔（Vieillot et Audebert），《天堂鸟和旋木雀博物总志》（*Histoire Naturelle et Générale des Grimpereaux et des Oiseaux de Paradis*）

这部图书极其精美，囊括了各种鸟类，其中介绍了 11 种天堂鸟，每种都配有插图，图上和页眉印有法语名称，但有些名字是借鉴前人的。无新种添加，作者志在将已知的鸟类尽可能完善地呈现给读者。

1806 年，勒瓦扬（Levaillant），《天堂鸟博物志》（*Histoire Naturelle des Oiseaux de Paradis*）

该书为法语版，是当时有关天堂鸟的出版物中最精致的一部，记录了 12 种天堂鸟，采用法语命名。绘画与原型等身，雌鸟单独绘出，另画出羽毛。详细描述每只鸟，但未分类。

1807 年，勒瓦扬，《巢志》（*Histoire Naturelle des Promerops et des Guépiers*）

该书为法语版，画出了等身尺寸的黑嘴镰嘴风鸟的雌雄及幼鸟，以及丽色掩鼻风鸟（*Ptiloris magnificus*）和十二线极乐鸟，全用法语命名，没有使用拉丁语命名。

1809 年，肖（Shaw），《动物学大纲》（*General Zoology*）

首次命名 2 种天堂鸟：小极乐鸟（*Paradisea minor*）和红极乐鸟（在该书中肖命名为 *Paradisea sanguinea*），相继取代了 *papuana* 和 *rubra*

的名称。另外记录了 10 种天堂鸟：*P. major* 即大极乐鸟；*P. nigra* 和 *nigricans* 是十二线极乐鸟；*P. cirrhata* 和 *P. magnifica* 是丽色极乐鸟；*P. superba* 是华美极乐鸟；*Paradisea sexsetacea*（*P. sexdennis*）是阿法六线啄木鸟，如今构成六线风鸟属；*P. regia* 是王极乐鸟；*P. aurantia* 是目前 *Xanthomelus* 属唯一的种类；*Paradisea leucoptera* 并不存在，为误解；*P. gularis* 即黑蓝长尾风鸟；*Paradisea chalybea* 即绿胸辉极乐鸟。

1811 年，贝希施泰因（Bechstein），《名鸟简论》（*Kurze Übersicht aller Bekannten Vögel*）

收录了 15 种天堂鸟，无新种。其中的红极乐鸟和阿法六线风鸟被起了新名字，即 *P. rubra* 和 *P. violacea*。

1811 年，肖，《动物学大纲》

该书中黑嘴镰嘴风鸟有 3 个不同的名称，并被放到了食蜜鸟属（*Promerops*），即 *P. striatus*、*P. superbus* 和 *P. paradiseus*，所有这些都成为博达尔特命名的黑嘴镰嘴风鸟的异名。

1815 年，裴库尔（Paykull），《乌普萨拉科学协会新志》（*Nova Acta Societatis Scientiarum Upsaliensis*）

首次提到绿园丁鸟（*Aeluroedus crassirostris*，现学名为 *Ailuroedus crassirostris*），并命名为 *Lanius crassirostris*。

1816 年，维洛特（Vieillot），《博物志新词典》（*Nouveau Dictionnaire D'Histoire Naturelle*）

该书将缎蓝园丁鸟（*Ptilonorhynchus violaceus*）命名为 *Pyrrhocorax violaceus*。

1819 年，维洛特，《博物志新词典》

将一些极乐鸟归为食蜜鸟属，如镰嘴风鸟与掩鼻风鸟。丽色掩鼻风

勒瓦扬像

鸟被命名为 *Falcinellus magnificus*，黑镰嘴风鸟被命名为 *F. superbus*，该书给出了这两种鸟类的黑白画像。

1820 年，库尔（Kuhl），《动物学与比较解剖学》（*Beyträge zur Zoologie u. vergleich. Anatomie*）

该书将缎蓝园丁鸟重命名为 *Ptilonorhynchus holosericeus*。

1822 年，莱瑟姆，《鸟的通史》（*General History of Birds*）

该书收录了 20 种天堂鸟，逐一记述，但无新种，仅用英语注名，贡献不大。有些记录基于绘画，有些明显来自标本，还有一些描述不够完善，但基本包含了当时学界已知的所有天堂鸟。

1825 年，特明克（Temminck），《彩绘鸟类版画》（*Planches*

Coloriées）

该书描述了黄头辉亭鸟，并在配图中命名为 *Oriolus regens*。

1825 年，维洛特，《鸟类图库》（*Galerie des Oiseaux*）

该书为王极乐鸟、阿法六线风鸟、华美极乐鸟、红极乐鸟和黑蓝长尾风鸟绘出精美图画，后 3 种被命名为 *superba*，*rubra* 和 *gularis*。

1825 年，斯温森（Swainson），发表于《动物学杂志》（*Zoological Journal*）

首次描述了大掩鼻风鸟（*Ptiloris paradiseus*），再次命名了黄头辉亭鸟，将种名定为 *chrysocephalus*。

1825—1839 年，贾丁和塞尔比（Jardine and Selby），《鸟类学图解》（*Illustrations of Ornithology*）第四版第二卷

首次描述了大亭鸟（*Chlamydodera nuchalis*）。

1826 年，肖，《动物学大纲》

该书将一系列天堂鸟列入了多个不同的属：黑蓝长尾风鸟；阿法六线风鸟（该书中学名为 *Parotia aurea*）；极乐鸟属则包括了大极乐鸟、小极乐鸟、红极乐鸟（该书中学名为 *rubra*）、十二线极乐鸟（该书中学名为 *nigricans*）和丽色极乐鸟（该书中学名为 *magnifica*）；华美风鸟属（*Lophorina*）包括华美极乐鸟和辉亭鸟（该书中学名为 *aurantia*，现为 *Sericulus aureus*）；王极乐鸟属只包含王极乐鸟；镰嘴风鸟属包含黑镰嘴风鸟和丽色掩鼻风鸟。

1826 年，莱森（Lesson），《贝壳号航行记》（*Voyage de la Coquille*）

描述了号声极乐鸟（*Manucodia keraudreni*）和黑辉极乐鸟（*Phonygama atra*）。

1827 年，瓦格勒（Wagler），《鸟类系统》（*Systema Avium*）

描述被此前学者列入极乐鸟属的所有已知天堂鸟，整理了不同命名，描述详尽。提到了园丁鸟属，加了 3 个名字：*holosericeus*，*squamulosus* 和 *viridis*。前两者实为同种鸟，即缎蓝园丁鸟。第三种是绿园丁鸟。

1827 年，威格斯和霍斯菲尔德（Vigors and Horsfield），《林奈学会事务集》（*Transactions of the Linnean Society*）

缎蓝园丁鸟被重新命名为 *P. Macleayii*。

1828—1831 年，威尔逊（J. Wilson），《动物学图解》（*Illustrations of Zoology*）

大掩鼻风鸟（*Ptiloris paradiseus*）被重新命名为 *Epimachus brisbani*（缎蓝园丁鸟）。

1829 年，居维叶（Cuvier），《动物王国》（*Règne Animal*）

将丽色掩鼻风鸟的学名由 *Falcinellus magnificus* 更改为 *Epimachus magnificus*。

1831 年，莱森，《鸟类学》（*Traité d'Ornithologie*）

该书收录众多种类的天堂鸟，并将澳大利亚的黄头辉亭鸟列入其中。红极乐鸟在这里被归为亭鸟科。原先的六线风鸟属、华美极乐鸟属、辉极乐鸟属和长尾风鸟属被降级为亚属，并加入一个新属名叫 *Magnificus*。未提到新种。

1832 年，格雷（J. E. Gray），《印度动物学图解》（*Illustrations of Indian Zoology*）

该书将小极乐鸟按照原大小绘出。

1835 年，莱森，《天堂鸟博物志》（*Histoire Naturelle des Oiseaux de Paradis, et des Epimaques*）

莱森像

该书列入了作者认为属于极乐鸟科的14种鸟类，并附图40张。辉极乐鸟属、大亭鸟属、猫声园丁鸟属和缎蓝园丁鸟都被排除，保留了黄头辉亭鸟，并增添辉亭鸟属，其中包括黄头辉亭鸟、辉亭鸟和火红辉亭鸟。王极乐鸟则被称为*C. spinturnix*；作者似乎不太重视命名的优先权，给其他鸟类也定了大量异名。书的开始便归纳列出每种鸟的不同命名，并介绍了东印度群岛的详细情况，但对天堂鸟的增补知识不多，只提到同时期一些学者及作者自己已有的研究。然而此书的确是走心之作，直至今日还在被不断引用。作者曾游历新几内亚，在野外实地观察，收集珍贵鸟皮，为此书的真实度做出了贡献。书中未提到新种。

古尔德手持天堂鸟标本

1835 年，特明克，《彩绘鸟类版画》（*Planches Coloriées*）

首次描述了白耳园丁鸟。

1836 年，古尔德（Gould），《动物学会学报》（*Proceedings of the Zoological Society*）

斑大亭鸟（*Chlamydodera maculata*）被命名为 *Calodera maculata*。

1837 年，斯温森，《鸟的分类》（*Classification of Birds*）

定义了园丁鸟属，并有头部和部分羽翼的木版画。

1837 年，古尔德，《伦敦动物学会学报》（*Proceedings of the Zoological Society of London*）

黄头辉亭鸟被命名为 *S. magnirostris*。

1837 年，古尔德，《澳大利亚的鸟类》（*Birds of Australia*）

该书可谓杰作，画出了澳大利亚极乐鸟科的鸟类，包括缎蓝园丁鸟（该书中学名为 *Ptilonorhynchus holosericeus*）和绿园丁鸟（该书中学名为 *Aeluroedus Smithii*），以及大亭鸟、斑大亭鸟、黄头辉亭鸟和丽色掩鼻风鸟，其中有些进行了新的命名。

1841 年，埃杜和苏乐耶特（Eydoux et Souleyet），《乘金枪鱼号巡航舰周游世界》（*Voyage autour du monde sur la corvette la bonite*）

首次将长尾肉垂风鸟命名为 *Astrapia carunculata*。

1845 年，格雷，《鸟的分类》（*Genera of Birds*）

该书将极乐鸟科的鸟类分到了多个不同的科中。极乐鸟科只保留了极乐鸟属，包括 7 种：大极乐鸟、小极乐鸟、红极乐鸟、丽色极乐鸟、王极乐鸟、华美极乐鸟和阿法六线风鸟。园丁鸟属、大亭鸟属和长尾风鸟属被归为椋鸟科。园丁鸟属包括缎蓝园丁鸟和绿园丁鸟；大亭鸟属包括大亭鸟和斑大亭鸟；长尾风鸟属包括黑蓝长尾风鸟和长尾肉垂风鸟。未有新的信息提出，但异名基本正确，除了 Hombron 和 Jacquinot 捕获的是大亭鸟而非斑大亭鸟。格雷将辉极乐鸟属（*Phonygama*）归在鸦科，包括 3 种，名为绿胸辉极乐鸟、号声极乐鸟和黑辉极乐鸟。如今已被博达尔特收录在辉极乐鸟属（*Manucodia*）。

1849 年，波拿巴（Bonaparte），《法国科学院院报》（*Comptes Rendus*）

首次将威氏极乐鸟归入华美极乐鸟属。

1849 年，古尔德，《伦敦动物学会学报》

首次提到小掩鼻风鸟（*Ptiloris victoriae*）。

1850 年，波拿巴，《鸟类概览》（*Conspectus Generum Avium*）

作者将天堂鸟分到 4 个科中，即镰嘴风鸟科、极乐鸟科、椋鸟科和噪鹛科。书中囊括所有已知天堂鸟，简要描述。有些归类今已不再适用，但补充了相关鸟类的信息，排序很系统。

1850 年，卡巴尼斯（Cabanis），《海涅博物馆志》（*Museum Heineanum*）

列出了费迪南德·海涅（Ferdinand Heine）收藏的所有天堂鸟，全部归为极乐鸟科，并分为两个亚科，共介绍了 12 种藏品。鹂亚科（*Oriolinae*）包括辉亭鸟属、亭鸟属和缎蓝园丁鸟属。极乐鸟亚科（*Paradiseinae*）包括极乐鸟属、王极乐鸟属、掩鼻风鸟属、*craspedophora*、六线风鸟属和镰嘴风鸟属。

1850 年，古尔德，《伦敦动物学会学报》

首次描述了浅黄胸大亭鸟 *Chlamydodera cerviniventris*。

1850 年，卡森（Cassin），《费城自然科学院院报》（*Journal of the Academy of Natural Sciences of Philadelphia*）

威氏极乐鸟被命名为 *Paradisea wilsoni*。

1858 年，格雷，《伦敦动物学会学报》

斑园丁鸟被归为园丁鸟属；阿鲁群岛的大极乐鸟被改名为 *P. wallaciana*。

1859 年，格雷，《伦敦动物学会学报》

首次描述了幡羽极乐鸟（*Semioptera wallacei*）。

1859 年，格雷，《伦敦动物学会学报》

P. wallaciana 被移除。

1859 年，格雷，《伦敦动物学会学报》

来自澳大利亚的号声极乐鸟被改名为 *M. gouldi*。

1860 年，古德温（Goodwin），《伦敦动物学会学报》

小极乐鸟的雄性幼鸟被命名为 *P. bartlettii*。

1862 年，华莱士（Wallace），《伦敦动物学会学报》

针对天堂鸟地域分布发表了重要报告，并描述了捕鸟之艰难。

1862 年，古尔德，《伦敦动物学会学报》

依据头部特征描述命名了西大亭鸟（*Chlamydodera guttata*）。

1867 年，施莱格尔，《自然博物馆记录》（*Museum d' Histoire Naturelle des Pays-Bas*）

列出莱顿博物馆名录，依次排列为极乐鸟属、镰嘴风鸟属、辉亭鸟属、园丁鸟属，并提到大亭鸟属，可见该博物馆馆藏之雄厚。

1867 年，迪格斯（Diggles），《澳大利亚鸟类学》（*Ornithology of Australia*）

提到了缎蓝园丁鸟和黄头辉亭鸟的杂交个体，并命名为劳氏园丁鸟（*Ptilonorhynchus rawnsleyi*）。

1869 年，华莱士，《马来群岛》（*Malay Archipelago*）

该书趣味性与信息量并存，详细介绍了各种天堂鸟。作者亲自前往该地，根据自己的记录著成此书，介绍了不同种类天堂鸟的生活习性和地域分布。共列出 18 种，没有提到辉亭鸟属、园丁鸟属、大亭鸟属、猫声园丁鸟属和辉极乐鸟属的鸟类。*Paradise-Oriole* 被放在辉亭鸟属，用问号标注，大概是认为它更适合作为一个独立种。

1870 年，格雷，《鸟的手记》（*Hand-list of Birds*）

该书记录了所有天堂鸟，分类系统和此前著作几乎一致，分为 3 种：极乐鸟科、椋鸟科和鹂科。将园丁鸟和辉亭鸟从椋鸟科删去，归为鹂科中的一个亚科。

1871 年，艾略特（Elliot），《伦敦动物学会学报》

整理了掩鼻风鸟属，并从丽色掩鼻风鸟中提出了一个新种：阿尔伯

华莱士在马来群岛

特掩鼻风鸟（*Ptiloris alberti*，实为丽色掩鼻风鸟的 *alberti* 亚种）。

1871 年，施莱格尔，《动物学杂志》（*Tijdschrift voor de Dierkunde*）

首次区分了来自新几内亚的黄胸大亭鸟和褐色园丁鸟（*Ptilonorhynchus inornatus*，现为 *Amblyornis inornata*）。

1872 年，艾略特，*IBIS* 杂志

在发表于 *IBIS* 的一篇关于极乐鸟科的论文中，艾略特描述了两类天堂鸟，即大亭鸟属和园丁鸟属。施莱格尔提到的黄胸大亭鸟（*Sericulus xanthogster*）被归于大亭鸟属（*Chlamydodera*），接近于古尔德命名的浅黄胸大亭鸟。

1873 年，斯克莱特，《伦敦动物学会学报》

描述了新几内亚极乐鸟（*Paradisea raggiana*）和黑嘴镰嘴风鸟（*Drepanornis albertisi*）。

分　类

对于大多数人来说，天堂鸟象征着斑斓炫彩、神秘清高。读者看到我将一些貌不惊人的鸟归在天堂鸟名下，必定心生疑惑。但前者只是大家的错觉，事实上，从习性与结构上判断，那些平凡的天堂鸟同样属于这个群体。尽管羽毛未见华丽，我仍十分肯定，这种划分是准确的。

在自然系统中定位一种动物绝非易事，如物种一样，内部的联系经常是断裂的，亟需相关理论做出补充修正。任何排列与分类都有可能在后来的悉心观察与比对下瓦解，外形不同的动物通常靠共同的习性确认亲缘关系。笔者便是采用此法进行分类的。个人意见是，一类物种最多分为三个分支。我的分法是：极乐鸟亚科、镰嘴风鸟亚科和园丁鸟亚科。最后一支包含会搭建亭子并在其中展示羽毛的园丁鸟。

第一种为极乐鸟亚科，包含极乐鸟属、辉极乐鸟属、长尾风鸟属、六线风鸟属、华美极乐鸟属、丽色极乐鸟属、辉亭鸟属、王极乐鸟属、肉垂风鸟属和幡羽极乐鸟属。

第二种为镰嘴风鸟亚科，包含镰嘴风鸟属、黑嘴镰嘴风鸟属、十二线极乐鸟属、掩鼻风鸟属，这些种类大多具有修长略弯的喙。

第三种为园丁鸟亚科，包含辉亭鸟属、园丁鸟属、大亭鸟属、猫声园丁鸟属（catbird）和暗园丁鸟属。

诚然，我的分类与时下其他作者的分类有所不同，排列也是全新的。林奈和杰姆林等更早期的专家相对不熟悉本书收录的大多数物种，杰姆林更是简单将其分为两属：极乐鸟属和戴胜属。居维叶也只分出极乐鸟科和园丁鸟科。维洛特在其分类系统中将极乐鸟列为第七个科，排在鸦科之前。莱森在其著作中将除了辉极乐鸟属的所有天堂鸟都归为齿嘴科。格雷将不少天堂鸟归于不同科属，如极乐鸟科被其归为齿嘴族（Dentirostres）的第二种，其中包含大极乐鸟、小极乐鸟、红极乐鸟、黑辉极乐鸟、丽色极乐鸟和阿法六线风鸟。在镰嘴风鸟中，他囊括了掩鼻风鸟和十二线极乐鸟。施莱格尔对极乐鸟的分类我个人难以认同，过于笼统，失去了标准。卡巴尼斯将天堂鸟归为鸣禽类。波拿巴划分的天堂鸟比其他学者略精细些，与本书有许多吻合之处。

不难看出，众多学者都认可天堂鸟是一个庞大的家族，又属于不同的科属，但他们尚未能够将每一种鸟恰当归类。在自然大系统中，为某一物种找到其正确位置实为难事，需要潜心调查与比较，分析它们之间的亲疏关系和习性外貌，才敢斗胆做出排列。而长相差距甚远的二者，却很可能因其生活习性的相近被证明是同宗同属。

在撰写本书时，我考察过收录的所有天堂鸟的亲缘谱系，总结出园丁鸟亚科的鸟类都有建亭的非凡特性，因此将其直接唤作“亭鸟”。其头部直立坚挺，和天堂鸟的其他成员一致，加之其骨骼结构相近，使我确信它们是同类。而它们建亭的习惯确实独特罕见，故将其分为一类。它们有漂亮的颈背冠羽，雄鸟尤甚，这和天堂鸟中其他分支的情况相同，例如很多天堂鸟的雄性也有此类夸张的羽饰。慕里博士曾帮我进行了比对，结论如下：

（一）小极乐鸟、黄头辉亭鸟、缎蓝园丁鸟的相似性

1. 头骨

基本一致，包含以下内容：后枕骨轮廓、太阳穴凹处、下颌角度、

下颌后部骨间、喙比例。

2. 胸骨和肩胛带

小极乐鸟胸骨开裂，后两者开裂程度小，但基本相似。

3. 骨盆

几乎一样，后两者耻骨更宽大。

4. 跗跖

小极乐鸟前部有明显凹处，黄头辉亭鸟凹处程度小，缎蓝园丁鸟介于两者之间。

（二）小极乐鸟、黄头辉亭鸟、缎蓝园丁鸟头骨的差异性

1. 小极乐鸟鼻腔扁圆，后两者长椭圆形；

2. 小极乐鸟下颌基部比上颌宽，后两者窄；

3. 小极乐鸟有基翼骨，后两者没有；

4. 小极乐鸟犁骨后部有裂缝，黄头辉亭鸟的裂缝几乎看不出，缎蓝园丁鸟介于两者之间。

按照上述对比，三种鸟在骨骼结构上的相似性显而易见，只不过头骨部分略有不同。极乐鸟属的犁骨有裂缝，而另外两个仅是部分开裂。但这一点并不能将园丁鸟和极乐鸟单独分为两科，犁骨有无裂缝并不是一个稳定的特征，在雀形目里面，有些有，有些没有。小极乐鸟的跗跖前部有凹槽，而黄头辉亭鸟则几乎没有，缎蓝园丁鸟虽有凹槽，但没有小极乐鸟那么明显。黄头辉亭鸟和缎蓝园丁鸟在骨骼结构和数量上非常相似，必须归为一类，而它们与小极乐鸟在羽毛和骨骼结构上的相似性也不容忽视，所以可以归到同一科中。

极乐鸟属和园丁鸟属有些习性比较近似，它们在每年特定的时候都

会进行一些古怪的表演。例如园丁鸟们会在凉亭边展示曼妙身姿。华莱士曾专门描述过大极乐鸟们聚在一起竖起翎羽舞蹈的画面，可以看出这是此类鸟的自然本能。

天堂鸟在自然界的系统中应排在鸦科前面，而且我坚信其纷繁而重要的特征使其完全区别于鸦科，而不是像布莱那样将它们分到鸦科的一个亚科中。毕竟，天堂鸟虽然具有鸦科习性，但它们内部差异很大，有的也和其他科属鸟类相似，因此无法这样粗略地划分。至于有些人将戴胜归为天堂鸟，慕里博士的比对已经显示，二者是完全无关的。

属的问题

一直以来，不同时期的人们给天堂鸟分了好多属，而且这些分类依据在当时都有许多合理的理由。天堂鸟在羽色和羽毛结构上的广泛分歧，似乎需要把它们分成更多的属，而不像种类较少的那些科，但我认为，我们已有足够的证据支持我们的划分。当然，目前已有的划分体系里有些属的划分并没有充足的依据，有些甚至没有体现出属间的差异。以下是自林奈以来所有的关于属的分类：

年代	属	作者	作品	代表
1760	极乐鸟属	林奈	《自然系统》	大极乐鸟
1783	辉极乐鸟属	博达尔特	《布丰鸟类图解》	绿胸辉极乐鸟
1816	长尾风鸟属	维洛特	*Analyse*	黑蓝长尾风鸟
	六线风鸟属			阿法六线风鸟
	华美极乐鸟属			华美极乐鸟
	Falcinellus（已被别人使用）			黑镰嘴风鸟
1817	镰嘴风鸟属	居维叶	《动物王国》	黑镰嘴风鸟
1820	园丁鸟属	库尔	《动物学与比较解剖学》	缎蓝园丁鸟
1823	王极乐鸟属	维洛特	*Tableau Encyclopédique et Méthodique*	王极乐鸟

（续表）

1825	掩鼻风鸟属	斯温森	《动物学杂志》	大掩鼻风鸟
	辉亭鸟属			黄头辉亭鸟
1828	*Phonygama*	莱森	《鸟类学手册》	号声极乐鸟
1835	十二线极乐鸟属	莱森	《天堂鸟博物志》	十二线极乐鸟
	丽色极乐鸟属			丽色极乐鸟
	Cinnamolegus			黑镰嘴风鸟
	肉垂风鸟属			长尾肉垂风鸟
1836	*Calodera*	古尔德	《动物学会学报》	斑大亭鸟
1837	大亭鸟属	古尔德	《澳大利亚的鸟类》	斑大亭鸟
1840	*Nematophora*	格雷	《鸟类名录》	十二线极乐鸟
1848	*Craspedophora*	格雷	《鸟类概述》	丽色掩鼻风鸟
1850	大亭鸟属	卡巴尼斯	《海涅博物馆志》	大亭鸟
	猫声园丁鸟属			绿园丁鸟
1854	辉亭鸟属	博纳巴特	*Ann. D. sc. Nat., Ser. Iv. Zool.*	辉亭鸟
1860	幡羽极乐鸟属	格雷	《动物学会学报》	幡羽极乐鸟
1866	*Schlegelia*	伯恩斯坦	《荷兰动物学杂志》	威氏极乐鸟
1872	暗园丁鸟属	艾略特	*IBIS* 杂志	褐色园丁鸟
1873	黑嘴镰嘴风鸟属	斯克莱特	《动物学会学报》	黑嘴镰嘴风鸟

在这里我对已有的信息进行了汇总，将本书出版之前几乎所有的资料整理并呈现给大家。

综　述

极乐鸟科

极乐鸟亚科

极乐鸟属

Paradisea，林奈，《自然系统》（1760）第一卷，第166页，代表：大极乐鸟。

1. 大极乐鸟
2. 新几内亚极乐鸟
3. 小极乐鸟
4. 红极乐鸟

辉极乐鸟属

Manucodia，博达尔特，《布丰鸟类图解》（1783），代表：绿胸辉极乐鸟。

5. 绿胸辉极乐鸟
6. 黑辉极乐鸟
7. 号声极乐鸟

长尾风鸟属

Astrapia，维洛特，*Analyse*（1816），第 36 页，代表:黑蓝长尾风鸟。

8. 黑蓝长尾风鸟

六线风鸟属

Parotia，维洛特，*Analyse*（1816），第 35 页，代表：阿法六线风鸟。

9. 阿法六线风鸟

阿尔贝提斯刚从新几内亚旅行归来，他这样描述了阿法六线风鸟："尽管这一物种已为人所知多年，但至今仍无精确的描述，人们的认识大多基于残缺的标本。我曾在自然条件下对这种美丽的鸟的活体和尸体进行过仔细观察。这种鸟出现在新几内亚的北部。我在离海岸 30 多英里[①]的地方见过它们，那是在阿法克山，海拔大约 3600 英尺。我从没有见到过和雌鸟以及年轻雄鸟一起的成年雄鸟，成年雄鸟一般分布在茂密的丛林里，而雌鸟和年轻雄鸟一般在较低海拔的地区。这种鸟很吵，发出的声音类似'Guaad-guaad'；它们主要取食水果，尤其是当地山区常见的一种无花果，我还曾见到它们取食肉豆蔻籽。这种鸟喜欢进行沙浴来清理自己的羽毛，尤其是那六根长长的饰羽。如果看到它们古怪的行为并听到它们的叫声，我们可能会以为它们在和敌人搏斗。当地人称它们为'Caran-a'。我有一个并不完善的年轻雄鸟的骨骼标本，尽管不是很完美，但还是能够看出头盖骨上竖起头部羽毛的肌肉结构。当光线照到它们颈部的羽毛上，会呈现出一种精美的金属色。它们的眼睛是浅蓝色的，眼周为浅黄绿色。"

---

① 1 英里＝ 1.609 344 公里；1 英尺＝ 0.304 8 米。——译者注

华美极乐鸟属

Lophorina，维洛特，*Analyse*（1816），第35页。

10. 华美极乐鸟

阿尔贝提斯从新几内亚得到了这个物种，描述如下："这种鸟的发现地和阿法六线风鸟一样。它们也取食相似的水果。它们喜欢在森林的树枝间跳来跳去，并发出'nied-nied'的声音，当地人称它们为'Niedda'。阿法六线风鸟的冠部竖羽肌已经很发达，但仍比不上华美极乐鸟。华美极乐鸟可以利用这些肌肉伸展、收缩、竖起和压下它们枕部长长的天鹅绒质的饰羽。当这些饰羽展开时，看上去就像一件披风；当它们竖起时，喙基部的两根角状羽毛也会同时竖起。"

丽色极乐鸟属

Diphyllodes，莱森，《天堂鸟博物志》（1835），第16页，代表：丽色极乐鸟。

11. 丽色极乐鸟

12. 金翅极乐鸟

13. 威氏极乐鸟

辉亭鸟属①

Xanthomelus，博纳巴特，*Ann. D. sc. Nat.*, *Ser. Iv. Zool.*（1854），第122页，无描述。1872年由艾略特在*IBIS*杂志上做出了描述，代表：辉亭鸟。

14. 辉亭鸟

---

① 此处提到的辉亭鸟现在已被定到*Sericulus*属。——译者注

王极乐鸟属

Cicinnurus，维洛特，*Ency. Méthod.*（1823）t.iii，第 908 页。

15. 王极乐鸟

肉垂风鸟属

Paradigalla，莱森，《天堂鸟博物志》(1835)，第 242 页。特征描述见于《动物学综述》(1840)，第 1 页，代表：长尾肉垂风鸟。

16. 长尾肉垂风鸟

幡羽极乐鸟属

Semioptera，格雷，作者没有进行描述，代表：幡羽极乐鸟。

17. 幡羽极乐鸟

镰嘴风鸟亚科

镰嘴风鸟属

Epimachus，居维叶，《动物王国》(1817)，第 407 页，代表：黑镰嘴风鸟。

18. 黑镰嘴风鸟

19. 艾略特镰嘴风鸟

黑嘴镰嘴风鸟属

Drepanornis，斯克莱特，《动物学会学报》，代表：黑嘴镰嘴风鸟。

20. 黑嘴镰嘴风鸟

该鸟曾被巴达维亚的梅耶博士（Dr. A. B. Meyer）命名为 *Epimachus wilhelminae*，但是斯克莱特博士的命名具有优先权，梅耶博士的命名只能作为同物异名了。

十二线极乐鸟属

Seleucides，莱森，《天堂鸟博物志》（1835），第 36 页，代表：十二线极乐鸟。

21. 十二线极乐鸟

掩鼻风鸟属

Ptiloris，斯温森，《动物学杂志》（1825），第 481 页，代表：大掩鼻风鸟。

22. 丽色掩鼻风鸟

23. 丽色掩鼻风鸟的 *alberti* 亚种

24. 大掩鼻风鸟

25. 小掩鼻风鸟

园丁鸟亚科

辉亭鸟属

Sericulus，斯温森，《动物学杂志》（1825）第一卷，第 476 页，代表：黄头辉亭鸟。

26. 黄头辉亭鸟

园丁鸟属

Ptilonorhynchus，库尔，《动物学与比较解剖学》（1820），第 150 页，

代表：缎蓝园丁鸟。

27．缎蓝园丁鸟

28．劳氏园丁鸟

大亭鸟属

Chlamydodera，卡巴尼斯，《海涅博物馆志》（1850）第一卷，第 212 页，代表：大亭鸟。

29．斑大亭鸟

30．大亭鸟

31．浅黄胸大亭鸟

32．黄胸大亭鸟

西大亭鸟 *Chlamydodera guttata*，古尔德，《动物学会学报》（1862），第 161 页。本书未绘出。

西大亭鸟由古尔德从斑大亭鸟中分出。他基于一只雌鸟的标本得出这一结论，特征描述如下："不同于斑大亭鸟，西大亭鸟的上体更大且色彩更明显，腹部暗黄色，初级飞羽的羽轴更黄一些。"这个标本由格雷戈里采集自澳大利亚西北部。斯图尔特自阿德莱德至维多利亚河的旅途中得到了雄性园丁鸟的头部，回来后送给了古尔德，古尔德将其定为西大亭鸟的雄鸟，尽管看不出太多明显的区别特征。古尔德在其《澳大利亚的鸟类》第一卷的补充资料中描述了该鸟，但除了头部，其余部位都是他想象出来的。我没能看出来这个雌鸟的标本和斑大亭鸟雌鸟有多少区别，在没有得到更多证据支持之前，我倾向于将其归入斑大亭鸟中。

猫声园丁鸟属

Aeluraedus，卡巴尼斯,《海涅博物馆志》(1850)，第213页，代表：绿园丁鸟。

33．绿园丁鸟

34．斑园丁鸟

有些标本比本书描绘的那只色彩要暗一些，尤其是头部和胸的上部。这可能和性别以及年龄无关。

35．白耳园丁鸟

暗园丁鸟属

Amblyornis，艾略特，*IBIS* 杂志(1872)，第113页，代表：褐色园丁鸟。

36．褐色园丁鸟

PACIFIC OCEAN
SANSAPOR
NOEMFOOR IS.
BIAK IS.
VOGELKOP PENINSULA
GEELVINK BAY
SARMI
WAKDE
HOLLANDIA
AITAPE
WEWAK
HANSA BAY
ADMIRALTY IS.
BISMARCK SEA
RABA
AWAR
ALEXISHAFEN
MADANG
SAIDOR
NEW BRITAIN
ARAWE
FINSCHHAFEN
LAE
NEW GUINEA
AROE IS.
TANIMBAR IS.
BUNA
GOODENOUGH IS.
WOODLA IS.
PORT MORESBY
CORAL SEA
SCALE
0 50 100 150 200 MILES
AUSTRALIA
CAPE YORK PENINSULA

新几内亚地图

地理分布

天堂鸟有严格的地域分布，主要生活在澳大利亚或旧热带区的西部，绝大部分分布在亚洲群岛。然而，这只是宽泛的描述，细致的研究表明，天堂鸟的分布仍存在更明确的范围。比如华莱士曾将各岛屿分成五组，其中存在天堂鸟的不过两组，即摩鹿加群岛和巴布亚群岛。

在澳大利亚和马来群岛当中，巴布亚群岛的新几内亚岛拥有最多的天堂鸟种类。无疑，那里未知的山脉与丛林中还有更多的物种等待未来的探险家揭晓。

本书收录的36种天堂鸟中，22种来自新几内亚，其中12种别无他处可寻，而另外的来自阿鲁岛、卫古岛、米苏尔岛、萨尔瓦蒂岛等，但并不单独存在于任何一个岛上。华莱士曾错误地认为红极乐鸟只属于卫古岛，后来伯恩斯坦却在巴丹塔岛等地发现过它。在遥远的过去，摩鹿加岛和巴布亚岛是连接的，连澳大利亚大陆和新几内亚也是接壤的，天堂鸟在此找到了自己的家园。大概新几内亚部分的地貌、气候和物产更适合生存，所以现今这里保存了更多种类的天堂鸟，我们甚至可以依此来推断新几内亚是天堂鸟的发源地。

岛屿与大陆的分离是在很久以前了，今天，我们看到的是大大小小的群岛，确实有不少习性奇特的物种生活在固定岛屿，在其他地方尚未见到。以极乐鸟科为例，例如幡羽极乐鸟，只在摩鹿加群岛的巴琴岛、济罗罗岛生活，说明这两个岛曾于遥远的过去与新几内亚岛分离，因此鸟类进化出明显的差异性特征。天堂鸟多居于山地，有些山地海拔很高，它们对当地生态环境已经适应，且不善改变，这也是一些小的岛屿没有天堂鸟的原因。一旦环境稍有不同，它们便集体消失，或者逐渐改变自身的存在方式。所有这些原因可能限制了现今极乐鸟科鸟类的扩散，并形成了现在比较受限的分布格局。基本上，所有天堂鸟都栖息在新几内亚及邻近诸岛和澳大利亚边界。根据目前已知的信息，新几内亚极乐鸟、黑蓝长尾风鸟、阿法六线风鸟、华美极乐鸟、长尾肉垂风鸟、黑镰嘴风鸟、艾略特镰嘴风鸟、黑嘴镰嘴风鸟、大掩鼻风鸟、黄胸大亭鸟以及褐色园丁鸟仅分布在新几内亚岛屿中部的山地森林中，还没有在海岸处发现它们的踪迹。而我们对它们的了解不过来自一些残缺的鸟皮——那是一年前，罗森伯格和阿尔贝提斯从当地海拔 4000 到 5000 英尺的山区捕获的。除了上述几种鸟类以外，还有几种天堂鸟分布在新几内亚岛。其中辉亭鸟和黑辉极乐鸟是在靠近多雷（Dorey）的海岸处捕获的，丽色掩鼻风鸟是在多雷和劳伯湾捕获的。而在岛屿的东北海岸处，人们曾见到过小极乐鸟、丽色极乐鸟、王极乐鸟、绿胸辉极乐鸟以及白耳园丁鸟。十二线极乐鸟的分布范围则比较广，在吉尔维克湾曾捕获到个体，华莱士的助手艾伦在索龙岛的山区也曾捕获过，由此推测，在这两个地点之间的广大区域都有十二线极乐鸟的分布。长尾肉垂风鸟仅有莱森在新几内亚捕获过，其确切生境还不清楚。在索龙的西北海岸，曾捕获到王极乐鸟、丽色极乐鸟、号声极乐鸟和小极乐鸟。萨尔瓦蒂岛上没有自己独有的天堂鸟，分布有王极乐鸟、丽色极乐鸟、十二线极乐鸟、黑辉极乐鸟、辉亭鸟和白耳园丁鸟。位于萨尔瓦蒂西南的米苏尔岛是天堂鸟分布区的最西端，有红极乐鸟、威氏极乐鸟和白耳园丁鸟。与萨尔瓦蒂更近一些的卫古岛比米苏尔岛多了一种天堂鸟：黑辉极乐鸟。

稍大一点的济罗罗岛以及邻近的巴琴岛上分布有幡羽极乐鸟，这里也是目前已知天堂鸟分布区的最北端。吉尔维克湾的约比岛、贝克岛和苏克岛上分布有小极乐鸟，这三者中较大的约比岛上还分布有王极乐鸟和丽色极乐鸟。约比岛上的小极乐鸟的色彩和大小非常接近于大极乐鸟，但还不能把它和其他岛屿上的小极乐鸟完全分开。在靠近吉尔维克湾的阿法克山上分布有新几内亚极乐鸟和黑嘴镰嘴风鸟。位于新几内亚南面的阿鲁群岛上则分布有五种天堂鸟——大极乐鸟、斑园丁鸟（仅分布在此）、王极乐鸟、黑辉极乐鸟和号声极乐鸟。

根据我个人的观点，澳大利亚大陆也分布有几种天堂鸟，在靠近新几内亚的约克角半岛上分布有金翅极乐鸟，其他作者则认为这是丽色极乐鸟的一个亚种。东北岸海域的巴纳德群岛分布有小掩鼻风鸟，好像是当地的特有种。位于北部海岸的艾森顿港口附近分布有大亭鸟，但不确定其延伸到内陆的范围。约克角还分布有浅黄胸大亭鸟，它的近亲黄胸大亭鸟则分布在新几内亚的内陆地区。在东海岸，黄头辉亭鸟的分布区一直向南延伸到悉尼，而在南威尔士则分布有缎蓝园丁鸟、斑大亭鸟和绿园丁鸟。

通过以上简短的关于天堂鸟分布的叙述，我们可以发现，有些种类的分布范围非常狭窄，有些可能仅分布在一个岛屿上，但也有一些分布范围非常广，例如丽色极乐鸟和十二线极乐鸟，这两种鸟在新几内亚的各个方向都有分布，它们可能在岛屿的内陆区域也有分布。还有一种现象就是，有些种类，例如幡羽极乐鸟，分布在不同岛屿上的个体在羽色上有着较为明显的差异，这可能和个体的等级以及采集时期有关；而另外一些种类，例如广布的十二线极乐鸟，各分布区域的个体之间并没有差异。由古尔德命名的金翅极乐鸟在身体的一些部位上确实比丽色极乐鸟更亮丽，但我们并不清楚该标本的采集地，很难说该标本比当地的丽色极乐鸟艳丽多少（即使这里确定该标本采集自另外一个岛屿），目前也很难说为什么幡羽极乐鸟有如此大的地理差异而丽色极乐鸟没有。

即使是分布范围最广、了解较多的小极乐鸟，在约比岛上的种群也比典型个体要大一些，用“小”来形容它有点名不副实，但当和其他极乐鸟的标本放在一起时，更长的羽毛和更深的颜色还是能够把它和大极乐鸟区分开。在某些情况下，有些物种分布在几个分隔或近或远的岛屿上，每个岛屿的种群都有一些自己独有的特征，并和模式标本有所不同，但这种情况并不能说明分布在不同岛屿上的物种就一定和模式个体不一样。目前已知的分布信息并不能很好地说明许多天堂鸟的生境。大部分天堂鸟分布在新几内亚且有些是该岛的特有种，而有些分布在周围的岛屿和澳大利亚。除新几内亚外，济罗罗和巴琴这组群岛上分布有自己的特有种——幡羽极乐鸟；黄头辉亭鸟和缎蓝园丁鸟则仅分布在澳大利亚。缎蓝园丁鸟曾被认为是大亭鸟属的一种，但大亭鸟分布在新几内亚的内陆区域，根据我们有限的知识推测，缎蓝园丁鸟可能起源自新几内亚，但随着大陆的分离，它变成了一个流浪者，最终在澳大利亚生存繁衍下来。

以下整理了每种天堂鸟的具体分布：

极乐鸟属

该属分布范围：澳洲界的巴布亚地区

物种分布范围：

大极乐鸟　阿鲁群岛及新几内亚部分地区

新几内亚极乐鸟　新几内亚奥兰治湾附近山区

小极乐鸟　分布广泛，新几内亚、米苏尔、萨尔瓦蒂、卫古岛、约比、比亚克和苏克

红极乐鸟　巴丹塔岛、盖米岛和卫古岛

辉极乐鸟属

该属分布范围：巴布亚和澳大利亚大陆

物种分布范围：

绿胸辉极乐鸟　新几内亚岛和澳大利亚大陆

黑辉极乐鸟　新几内亚诸岛和卫古岛

号声极乐鸟　新几内亚和约克角半岛

长尾风鸟属

该属分布范围：新几内亚

物种分布范围：

黑蓝长尾风鸟　仅存于新几内亚岛屿

六线风鸟属

该属分布范围：新几内亚

物种分布范围：

阿法六线风鸟　仅存于新几内亚

华美极乐鸟属

该属分布范围：新几内亚

物种分布范围：

华美极乐鸟　仅存于新几内亚

丽色极乐鸟属

该属分布范围：巴布亚群岛

物种分布范围：

丽色极乐鸟　新几内亚、萨尔瓦蒂、卫古岛、米苏尔和约比

金翅极乐鸟　目前分布未知

威氏极乐鸟　巴琴岛、卫古岛

辉亭鸟属

该属分布范围：新几内亚和萨尔瓦蒂

物种分布范围：

辉亭鸟　仅存于新几内亚和萨尔瓦蒂周边地区

王极乐鸟属

该属分布范围：巴布亚群岛

物种分布范围：

王极乐鸟　新几内亚、阿鲁群岛、米苏尔、萨尔瓦蒂和约比

肉垂风鸟属

该属分布范围：新几内亚

物种分布范围：

长尾肉垂风鸟　仅存于新几内亚

幡羽极乐鸟属

该属分布范围：摩鹿加群岛

物种分布范围：

幡羽极乐鸟　济罗罗岛和摩鹿加群岛的巴琴岛

镰嘴风鸟属

该属分布范围：新几内亚

物种分布范围：

黑镰嘴风鸟　仅存于新几内亚

艾略特镰嘴风鸟　大约存于新几内亚

黑嘴镰嘴风鸟属

该属分布范围：新几内亚

物种分布范围：

黑嘴镰嘴风鸟　新几内亚阿法克山脉

十二线极乐鸟属

该属分布范围：巴布亚群岛

物种分布范围：

十二线极乐鸟　新几内亚、萨尔瓦蒂

掩鼻风鸟属

该属分布范围：新几内亚和澳大利亚

物种分布范围：

丽色掩鼻风鸟　新几内亚岛

丽色掩鼻风鸟的 *alberti* 亚种　约克角半岛

大掩鼻风鸟　新几内亚

小掩鼻风鸟　澳大利亚东岸、巴纳德群岛

辉亭鸟属

该属分布范围：澳大利亚

物种分布范围：

黄头辉亭鸟　澳大利亚东部

园丁鸟属

该属分布范围：澳大利亚

物种分布范围：

缎蓝园丁鸟　澳大利亚东部

劳氏园丁鸟　杂交种　澳大利亚东岸

大亭鸟属

该属分布范围：澳大利亚大陆和新几内亚岛

物种分布范围：

斑大亭鸟　新南威尔士

大亭鸟　澳大利亚西北部

浅黄胸大亭鸟　约克角半岛

黄胸大亭鸟　新几内亚

猫声园丁鸟属

该属分布范围：巴布亚群岛和澳大利亚大陆

物种分布范围：

绿园丁鸟　新南威尔士

斑园丁鸟　阿鲁群岛

白耳园丁鸟　新几内亚、萨尔瓦蒂、巴丹塔、卫古岛

暗园丁鸟属

该属分布范围：新几内亚

物种分布范围：

褐色园丁鸟　仅存于新几内亚

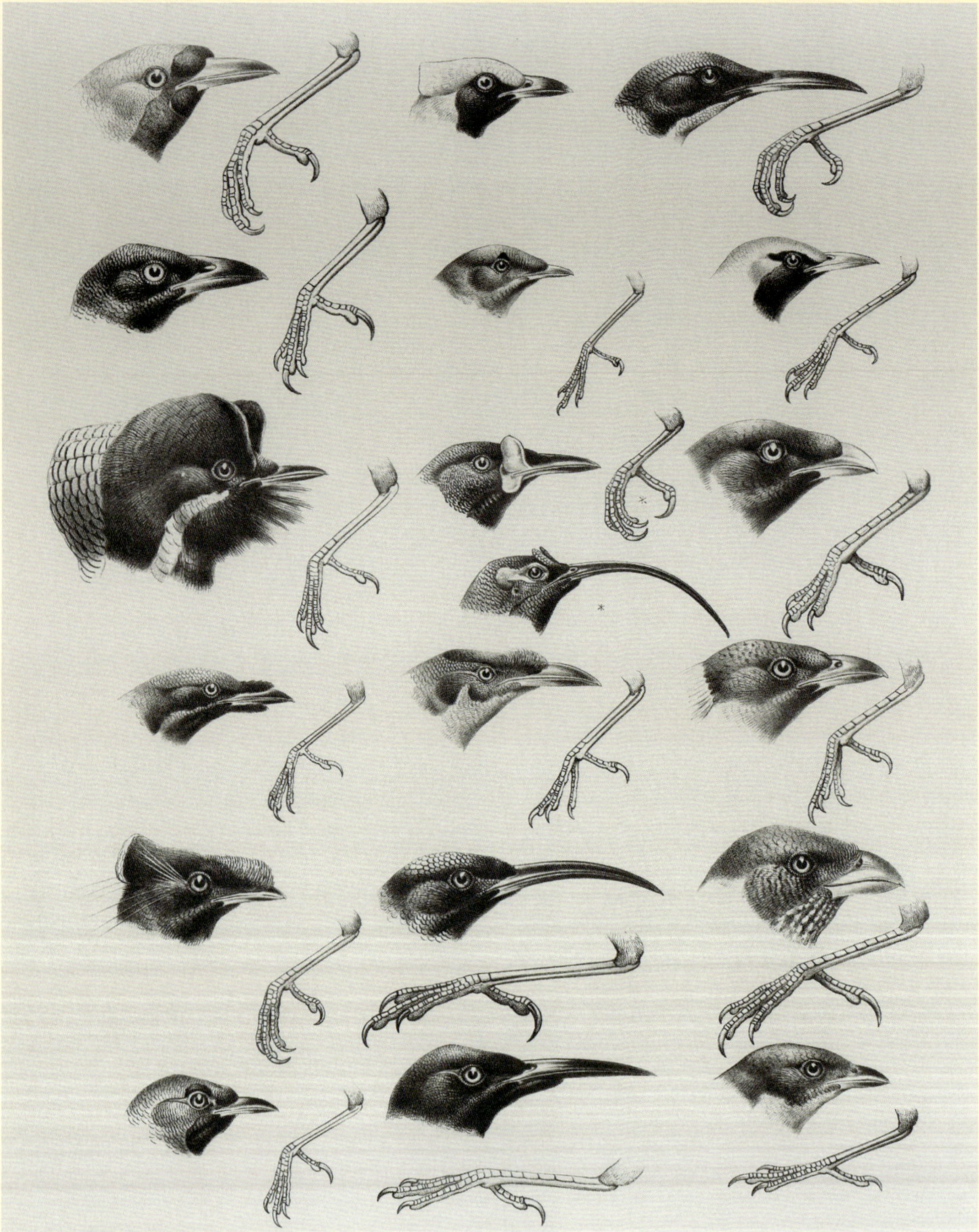

J. Wolf. & J. Smit. del. et lith

M & N Hanhart imp

PARADISEA APODA
MANUCODIA CHALYBEA
ASTRAPIA NIGRA
LOPHORINA ATRA
PAROTIA SEXPENNIS
DIPHYLLODES SPECIOSA

XANTHOMELUS AUREUS
CICINNURUS REGIUS
PARADIGALLA CARUNCULATA
SEMIOPTERA WALLACEI
EPIMACHUS SPECIOSUS
* DREPANORNIS ALBERTISI
SELEUCIDES ALBA

PTILORIS MAGNIFICUS
SERICULUS MELINUS
PTILONORHYNCHUS VIOLACEUS
CHLAMYDODERA NUCHALIS
ÆLURÆDUS CRASSIROSTRIS
AMBLYORNIS INORNATUS

特征概述

极乐鸟科

极乐鸟亚科

1. 极乐鸟属

头部羽毛短，密实。喙较长，结实，嘴峰弯曲，顶端微凹。鼻孔在侧面，被羽毛覆盖。羽翼圆形，修长。第四至第七初级飞羽等长且最长。尾羽宽阔，圆形。跗跖强壮。脚趾长，外围比内部的更长，在中间交会。后脚趾长而结实。爪长而弯，锋利强健。

2. 辉极乐鸟属

头部羽毛短，天鹅绒质感。喙坚硬，嘴峰弯曲，顶端微凹。鼻孔的一部分被羽毛掩盖。羽翼长而圆，第四至第七初级飞羽等长且最长。尾羽长而圆。跗跖比中间脚趾长。脚趾不大不小，内侧脚趾最短，于中趾基部会合。爪长而锋利，弯曲尖锐。

3. 长尾风鸟属

喙大小适中，向顶端略弯曲，微凹。部分鼻孔由一些羽毛盖住。羽翼带尖，中型。尾羽很长，羽毛宽而圆。跗跖长。脚中型，外侧脚趾在基部与中趾会合。

4. 六线风鸟属

喙短而弯，基部被羽毛覆盖。羽翼圆，次级飞羽很长。尾羽宽而且圆。跗跖中型。脚趾修长，外趾和中趾在基部会合。

5. 华美极乐鸟属

喙修长弯曲，顶端微凹。脸部的羽毛盖住鼻孔。羽翼和尾羽圆形。次级飞羽很长。枕部冠羽夸张。跗跖修长。脚趾细长，中趾与外趾在基部会合。

6. 丽色极乐鸟属

喙比头短，嘴峰微弯曲，顶端微凹。鼻孔完全被羽毛掩盖。羽翼中型，第三和第四初级飞羽最长。尾羽短，方形。跗跖很长。脚趾细而短，外趾和中趾在基部会合。爪细长锐利。

7. 辉亭鸟属

嘴峰向端部弯曲，下喙开合处向下弯曲，喙端有齿。鼻孔打开露在外面。羽翼中型，尾羽圆形。

8. 王极乐鸟属

喙短，边缘扁平。鼻孔被羽毛掩盖。羽翼短，第二和第三初级飞羽最长，次级飞羽略短。尾羽短，有 12 根羽毛，方形。外趾与中趾在基部会合。爪小而弯，锐利。

9. 肉垂风鸟属

喙中型，比头短，端部微凹。鼻孔被前额羽毛覆盖。喙处长有两个肉垂。羽翼很长，第三和第四初级飞羽最长。尾羽尖，有 12 根羽毛。

10. 幡羽极乐鸟属

喙扁长，嘴峰很弯，顶端微凹。鼻孔椭圆形，被羽毛盖住。羽翼圆形，第四和第五初级飞羽最长。尾羽中型，略圆。跗跖细长。脚趾细而短，外趾与中趾在基部会合。爪长而弯，锐利。

镰嘴风鸟亚科

1. 镰嘴风鸟属

喙修长，弯曲，顶端微凹。鼻孔凹陷在膜状槽里，被羽毛覆盖。羽翼中型，第四至第七初级飞羽最长。尾羽长。跗跖长。脚趾长而结实，外趾与中趾在基部会合。

2. 黑嘴镰嘴风鸟属

喙修长，弯曲，下喙呈槽型。鼻孔椭圆形，露在外面。羽翼中型，第四和第五初级飞羽最长，第三飞羽长度接近第五飞羽。尾羽长度适中，圆形，有 12 根羽毛。跗跖短。脚趾柔弱，外趾与中趾在基部会合。爪弯而锐利。

3. 十二线极乐鸟属

喙长于头，笔直扁平，顶端微凹。鼻孔椭圆，有槽，被羽毛覆盖。

羽翼中型，第三和第四初级飞羽最长。尾羽短，有 12 根几乎等长的羽毛。跗跖中型，有盾状鳞。外趾和中趾在基部会合。爪弯曲锋利。

4. 掩鼻风鸟属

喙长于头，稍弯曲。部分鼻孔被羽毛盖上。羽翼中型，圆而凹，次级飞羽几乎和初级飞羽等长，前者端部方形。尾羽略圆，有 12 根羽毛。跗跖中型。脚趾细，中趾与外趾在基部会合。爪弯曲，细而锐利。

园丁鸟亚科

1. 辉亭鸟属

喙细，与头等长，嘴峰在基部翻过来，顶端略弯曲。鼻孔在两侧外露。羽翼中型,第二至第四初级飞羽最长。尾羽长而匀称。跗跖长于中趾，有鳞纹。脚趾长而结实，外趾和中趾在基部会合。爪弯曲而锐利。

2. 园丁鸟属

喙坚硬,嘴峰弯曲,顶端微凹。鼻孔在侧面被羽毛掩盖。羽翼长而尖，第四和第五初级飞羽最长。尾羽短，方形。跗跖比中趾长，有鳞纹。脚趾结实修长，外趾和中趾在基部会合。爪弯曲锐利。

3. 大亭鸟属

喙结实，嘴峰尖锐弯曲，顶端微凹，下喙底部前端上翘。鼻孔外露，圆形，有膜。羽翼长而尖，第三和第四初级飞羽最长。尾羽长而方。跗跖比中趾长，有宽鳞纹。脚趾长，中趾和内趾在基部会合。爪弯曲锐利。

4. 猫声园丁鸟属

喙结实，嘴峰弯曲，顶端微凹，下喙底部前端上翘。部分鼻孔被羽毛覆盖，开阔，圆形，有膜。羽翼长而尖，第四和第五初级飞羽最长。尾羽长，微圆。跗跖比中趾长，有宽鳞纹。脚趾长而结实，内趾与中趾在基部会合。爪长而锐利。

5. 暗园丁鸟属

喙短粗，嘴峰弯曲，下喙底部笔直。鼻孔圆而开阔，部分鼻孔被柔软羽毛掩盖，部分暴露在外。羽翼中型，第四初级飞羽最长。尾羽有 10 根羽毛，微圆。脚趾细，中趾和跗跖等长，外趾比内趾长。

大极乐鸟

Paradisea apoda

命名变迁及文献出处：

THE GREATER BIRD OF PARADISE, Edw. Birds (1750), vol. iii. pl. 110. —Lath. Gen. Syn. (1782) p. 471, vol. ii. —Id. Gen. Hist. (1822) vol. iii. p. 182.

PARADISEA CASTANEA, Lath. Synops. sp. 1.

L'OISEAU DE PARADIS, Briss. Ornith. (1760) vol. ii. p. 130, pl. xiii.

L'OISEAU DE PARADIS DES MOLUQUES, Buff. Planch. Enlum. (1774) p. 190. t. 254. —Briss. Hist. des Ois. (1775) vol. iii. p. 151, t. 12.

PARADISEA APODA, Linn. Syst. Nat. (1766) vol. i. p. 166. —Gmel. Syst. Nat. (1788) vol. i. pt. i. p. 399. —Lath. Ind. Ornith. (1790) vol. ii. p. 194. —Wagl. Syst. Av. (1827) sp. 1. —Bon. Consp. Gen. Av. (1850) p. 412. sp. i. —G. R. Gray, List Gen. Birds (1855), p. 65. —Id. Hand-L. Birds (1870), pt. ii. p. 16. sp. 6247. —Id. Proc. Zool. Soc. (1861) p. 436. —Id. Gen. Birds (1845), vol. ii. p. 323. sp. l. —Wall. Proc. Zool. Soc. (1862) p. 160. —Id. Ibis (1859), p. 111 (1861), p. 289. —Id. Ann. Mag. Nat. Hist. (1857) vol. xx. p. 411. —Vieill. Ency. Méth. t. iii. p. 906. —Bechst. Kurze Uebersicht (1811), p. 130. sp. l. —Schleg. Mus. Pays-Bas (1867), p. 78. —Cuv. Règne Anim. (1829) vol. i. p. 426. —Wall. Malay Archip. vol. ii. p. 238 (1869). —Schleg. Journ. für Ornith. (1861) p. 384. —Von Rosenb. Journ. für Ornith. (1864) p. 42. —Id. Tidsch. Dierk. pt. xii. p. 342.

PARADISEA MAJOR, Shaw, Gen. Zool. (1809) vol. vii. pt. ii. p. 480, pl. 58, and (1826) vol. xiv. p. 76. —Less. Ois. Parad. (1835), Syn. p. 6; Hist. Nat. p. 155. pl. 6. —Id. Ornith. p. 336 (1831).

LE GRAND OISEAU DE PARADIS ÉMERAUDE, Levaill. Hist. Nat. des Ois. Parad. vol. i. (1806) pls. 1, 2, 3.

L'ÉMERAUDE, Vieill. Ois. Dor. t. i. vol. ii. (1802) p. 9.

PARADISEA APODA. var. WALLACIANA, G. R. Gray, Proc. Zool. Soc. (1858) p. 181. sp. 73.

分布： 新几内亚岛和阿鲁群岛（华莱士）

PARADISEA APODA

多年以来，爱鸟人便知道天堂鸟的存在，并远行至摩鹿加群岛寻觅，得以目睹这一圣物的奇妙。它们绚丽的羽毛使外行人赞叹；粗莽的船员也因它们的神秘和传奇而心怀敬畏。华莱士曾说马来商人将它们称为“上帝之鸟”，而欧洲的葡萄牙人发现没有脚与翅膀的残缺的天堂鸟标本后无所适从，懵懂地叫它们“太阳鸟”。相比之下，荷兰人博学多知，又精于拉丁文，将其命名为“天堂鸟”。1598年，荷兰的约翰·林斯霍滕曾记述，没有人见过活的天堂鸟，因为它们住在天空里，永远向着太阳，直到死去才会落地。鉴于从印度和荷兰找到的标本，人们推断它们没有脚和翅膀。据华莱士介绍，100多年以后，威廉·法奈尔在阿博纳见到过大极乐鸟的标本，当地人告诉他，它们飞到班达地区吃肉豆蔻，结果因食物中毒掉到地上，被蚂蚁分食。林奈时代，欧洲没人见过完整的天堂鸟，长期以来人们都叫它们“无脚鸟”。

华莱士有幸到达马来群岛考察，他写道：“大极乐鸟充满活力，整日都在活动。它们数量庞大，雌雄遍处，尤其是年轻的雄鸟。白日可听到成年雄鸟的叫声，犹如呼啸的风，响亮辽远，是阿鲁群岛上最有特色的鸣叫。有关筑巢的信息尚不知晓，不过当地人说它们用树叶做窝，将窝建在高高的树枝间，里面常常只有一只幼鸟。我们不了解它们的卵，当地人也没见过。尽管有高额奖金鼓励，荷兰人还是未能找到一枚。1月或者 2 月是换羽的时间，到了 5 月它们便羽翼丰满。清晨雄鸟聚集枝头，以一种奇特的方式展示自己，不过也因此招来人类的轻易捕获。当地人提前隐藏在它们常栖居的树枝附近，拿好弓箭，伺机而发。破晓时分，天堂鸟聚在一起开始跳舞，大人便用钝箭击落聚集的鸟儿，再由等在树下的男孩儿抓住杀死，这一过程要确保不流血，以防止羽毛被破坏。剩下的鸟们还未察觉，猎杀就这样不断进行，直到它们开始警觉。当地保存它们的方法是切下翅膀和脚，然后剥下皮，用一根结实的木棍穿起，最后用佛焰苞裹上，用烟熏使其干燥。这样一来，原本很大的头部萎缩到不起眼，身体也变短小了，不过更突出了其羽毛的绚丽。有些当地标本保留了脚和翼，而另一些则被彻底熏黑，不管怎样，已经与活体的形态截然不同。据我们所知，大极乐鸟的分布仅在阿鲁群岛，任何周边小岛都未见踪影。在新几内亚与其他存在天堂鸟的岛屿上，来往商人们也不曾见过。然而不该由此下定论，因为当地人只是在特定岛屿上猎鸟加工，或许其余岛上也有但不为人知罢了。总之，大极乐鸟生活在新几内亚南部，而其近亲小极乐鸟则在西北部。”

以上的描述华莱士也在自己的作品中使用了，他曾深入阿鲁群岛，试图捕到这些鸟。华莱士写道：“每日的安慰便是我的侍从将捕到的鸟带回，其中便有天堂鸟，而且羽毛完好。我深感慰藉，毕竟空手而归会使我很不甘心。除了爱鸟本身，我还着迷于它们的习性。我整日观察，并从猎鸟人与当地人那里寻求信息。它们常休憩在林间特定的树上，而不是我先前想象的果树。那里一定要枝叶开阔，有足够的空间让它们嬉戏舒展。一棵树上可停留 12 到 20 只成年雄鸟，大家展开翅膀，伸长脖子，神气地摆动羽毛，抑或来回跳跃，活力四射，使得整棵树熠熠生辉。鸟体大小等同于乌鸦，呈深咖啡色。头部与颈部上面稻黄色，下面为金属绿。

两肋下生出长长的金橙色丛毛，休息时可以盖住身体，兴奋时羽翼竖起，头探出，丛羽像扇面一般铺展，局部呈红色。此时收缩的身体，黄色的头与绿色的后部都被金色光辉掩映，这样看来，称其为‘天堂鸟’名副其实，它们的确是世间最神奇瑰丽的物种。”

1857 年，华莱士在为刊物《博物志年报》撰写的论文中提道：“经过对刚被猎杀的标本的检验，我发现其腿和翼部肌肉发达，皮厚而糙，头骨和骨骼坚硬。整个颈部肉多，很像亚马孙冠伞鸟，大概是为了配合旁边丰满的羽毛，喉部显得很宽，仿佛肿起，更展示出羽毛的浓密和金属质感。其肉质干而无味，不适宜食用。我解剖过的标本中胃里全是水果，可断定这就是它们的主要食物来源。偶尔，它们也会吃昆虫，尤其是直翅目虫，有一次我在一只成年雄鸟胃中发现了一整只竹节虫。

“每年二三月的季风时节当地人才去捕猎，有人以为它们是在此时从西部迁徙而来的，但事实上大极乐鸟是留鸟，一直生活在阿鲁地区，没人在其他地方见过。4 月左右，它们肋部的饰羽开始长出，到五六月会完全丰满。交配季节来临，鸟儿们开始活跃，雄鸟聚集枝头彰显风采，所有的侧羽都从肋下翻起打开、随意闭合，偶尔还会轻轻颤抖，动人心弦。雄性喜欢显示自己肢体和羽毛的‘古怪’习惯在其他鸟类身上也很常见，比如火鸡和眼斑雉以及冠伞鸟，后者虽然生活在树上，但也喜欢在地面舞蹈。一块平坦的石头，哪怕直径只有 1 英尺，也可以成为它们的舞台。人类如果利用此机会设置陷阱，就很容易活捉它们。

“有关天堂鸟的分布介绍不少都是错误的，就其迁徙便有不同的说法，但都无根据。其实它们只在新几内亚和阿鲁群岛存在，我们甚至可以断定其更确切的位置，因为阿鲁群岛有一个大的中心岛和数千个远近小岛，处处森林密布，不过发现大极乐鸟的地方只有一处。至于新几内亚，商人们告诉我他们根本没见过，那里只有色彩稍逊的小极乐鸟。不过后来一位到过更东部的商人跟我确认，说发现过与阿鲁群岛一样的大极乐鸟，而我相信莱森的那只便是在新几内亚南部半岛得来的。这就表明，大极乐鸟分布在新几内亚南部半岛和阿鲁群岛，而小极乐鸟则只分布在新几内亚北部半岛及临近小岛。

“我手上有四只不同年龄的雄鸟，看羽毛推测它们要经过三次换羽才能达到完美的样子。第一阶段，通体咖啡色，头部加深腹部略浅，无斑纹或颜色变化，两根中间尾羽与其余的等长。第二阶段，头部浅黄，喉部和前额为金属绿，中间尾羽延长。第三阶段，则被羽轴代替，不过肋下的丛毛还未展现，要等到最后的阶段。因此，我断定，它们要换三次羽，在第四个年头才能发育完全。难怪到处可以见到年轻的雄鸟，而成年的却相对稀少。不过我还没捉到过一只成年雌鸟，只有幼鸟。它们和雄鸟小时候一样，浑身咖啡色。波拿巴说雌鸟是深黄褐色的，下体发白，我不敢苟同，感觉他是弄错了。我和我的猎手都从未见过一只像他所说的雌鸟，无论是哪一阶段的。值得一提的是，雄鸟尾部饰羽很长很长，我有一只标本达到 34 英寸长，而平均也要 24 至 28 英寸，估计是逐年生长，越长说明年龄越大。其他饰羽都是等长的。”

波拿巴对雌鸟的错误认识，很有可能因为他见到的是一只小极乐鸟。雌性大极乐鸟全身为咖啡色，而体型小于雄鸟。

莱森在贝壳号航行之后出版的著作中写道：“从我们第一天到达新几内亚——这片博物学家的净土——目之所及便有天堂鸟在古老的树间飞翔。在一个欧洲人眼中，岁月凝造出的幽深丛林充满震撼力与神秘的气息。这种鸟肋部的羽毛形成优雅的蝉翼般的扇形，不夸张地说，好似流星划过天际。从贩卖到马来的鸟皮很难想象它们的原貌。当地首领头巾上的装饰便是它们的羽毛。人们夜间爬上树，用棕榈树枝做的短箭射中它们，把脚切去，剥皮，再拿棍穿起，熏干。中国商人喜欢保留有脚部的标本。每只天堂鸟在岸边至少卖一元钱，卖主喜欢收银币，甚至铁币。停留期间，我们目睹了 20 只鸟的捕猎，它们活着的时候与法国松鸦一般大小，喙与跗跖蓝色，虹膜亮黄色，动作敏捷，喜欢在高树上栖息，需要采果子或是阳光太强烈才会下来。它们采食果实的范围很广，所以到处可以听见它们鸣唱，也就不幸暴露了自身的位置。我们耐心观察并捕捉到了一只，这实在不容易，因为这种鸟若听到动静会立即安静不动，让人再难寻觅。

"它们的鸣叫声很大，类似'voike，voike，voike，voike'，雌雄一致，但雌鸟声音略小，而且颜色更灰暗。我们见过它们 20 只一起在树上，偶尔有一只雄鸟出现。雄性幼鸟和雌鸟很像，要到第二次换羽才稍显变化，绿色的喉部暴露了它们的性别。天堂鸟一般在日出日落时分觅食，大概是为躲避强烈的日照。新几内亚的探险者们黎明之前便要下船，4 点便到达无花果树下静候饥饿的雄鸟飞来，他们带着长射程枪，一旦将其射中打伤，鸟儿便坠落在茂密的荆棘中，还要依靠向导去找。"

雄鸟前额、喉部、颈侧为漂亮的草绿色，颏部的绿色加深趋向黑色。枕部和颈后深黄色。背部、羽翼和尾羽巧克力色；初级飞羽亦然。胸部上方是深紫褐色。下体颜色和背部一样。肋下长出修长的羽毛，长过尾羽，竖起时可以从背部翻起展示。这些羽毛有三分之二是金黄色，逐渐变为紫色。尽头的羽瓣松散分开，羽轴有时会变得很长。尾羽基部伸出两根无羽瓣的羽轴，可达到 18 至 34 英寸。喙基部铅色，端部绿白色。脚和跗跖肉色。

雌鸟全身咖啡色，下体最浅，头顶和喉部最暗。羽翼、尾羽和身体相同，只是偶尔变浅。

新几内亚极乐鸟

Paradisea raggiana

命名变迁及文献出处：

PARADISEA RAGGIANA, Sclater, Proc. Zool. Soc. (1873) p. 559.

分布： 新几内亚的奥兰治湾（阿尔贝提斯）

J. Wolf. & J. Smit. del. et. lith.

M & N. Hanhart. imp.

PARADISEA RAGGIANA.

多亏那些有魄力的探险家跋山涉水，才有我们逐渐对新几内亚各种动物的知晓，博物学家也开始关注这里的鸟类世界。

来自人迹罕至的高山幽谷的天堂鸟，是所有鸟类中最为华美的，其绚丽程度简直令欧洲人难以想象。我们常常是道听途说,能做的唯有推测，而了解的信息又乏善可陈，尤其是那些风干的标本甚至扭曲了外界对天堂鸟的认识，其神秘未曾揭开，科学也懵懂未知。

最近，阿尔贝提斯在前往新几内亚的旅途中获得了两个新种，新几内亚极乐鸟便是其中一只，另外一只则是黑嘴镰嘴风鸟。造物之力，实在无穷，万千变化的物种应接不暇。图中的这只鸟和大极乐鸟的身体颜色与侧羽结构相近，只不过侧羽换成深红色，泛紫色光。现存仅有两副不完整的鸟皮，皆为雄鸟，可以由此联想它们活着时候的样子。它们是在当地人那里得到的，保存完好，由阿尔贝提斯带回，据他描述："它们很像红极乐鸟，但又有不同之处。我是在奥兰治海湾捕获到它们的，那里的人们并不知道小极乐鸟和大极乐鸟，看到我展示的标本颇为惊讶。"阿尔贝提斯并没有提到红极乐鸟是不是珍稀物种，或许不是。它们成群出行，这一习性很像阿鲁群岛的大极乐鸟。

应阿尔贝提斯的要求，标本寄给了斯克莱特博士，并以纪念意大利的拉吉侯爵（Marquis de Raggi）的方式给此鸟命名。这里对博士誊写发现者对新几内亚极乐鸟的描述深表感谢。

这一物种的描述如下：“头部和喉部深绿色，颏部上有黑色斑点。胸部上方深栗色，形成明显的带状，下体浅棕色。头和颈的后面有狭窄的浅黄色条纹，绕过喉部，分成了绿色和深栗色两部分。背部深褐色。尾羽红棕色。肩羽处长出很多长羽毛，羽瓣疏松，呈红色，到末梢处减淡。中央尾羽基部有两根没羽瓣的羽轴，2 英尺长，向外卷曲，附着在尾羽上。喙端部黄色，基部铅色。”

小极乐鸟

Paradisea minor

命名变迁及文献出处：

LESSER BIRD OF PARADISE, Lath. Gen. Syn. (1782) p. 474, vol. ii. —Id. Gen. Hist. Birds (1822), vol. iii. p. 184.

LE PETIT ÉMERAUDE, Vieill. Ois. Dor. (1802) vol. ii. p. 12, pl. 2.

PARADISEA MINOR PAPUANA, var. β. , Lath. Ind. Ornith. (1790) vol. ii. p. 194. —Less. Traité d'Ornith. (1831) p. 336.

PARADISEA MINOR PAPUANA, Forst. Zool. Ind. vol. i. (1781) p. 34.

PARADISEA MINOR, Shaw, Gen. Zool. (1809) vol. vii. p. 486, (1826) vol. xiv. p. 76. —Wagl. Syst. Av. (1827) sp. 2. —J. E. Gray, Illust. Ind. Zool. (1832) vol. i. pl. —Less. Ois. Parad. (1835)Syn. p. 3. sp. i. —Hist. Nat. p. 132, pls. 1, 2, 3, 4, & 5. —Id. Man. d'Ornith. t. i. p. 392. —G. R. Gray, Hand-list of Birds (1870), pt. ii. p. 16. no. 6248.

LE PETIT OISEAU DE PARADIS ÉMERAUDE, Levaill. Hist. Nat. des Ois. Parad. (1806) vol. i. pls. 4 & 5.

L'OISEAU DE PARADIS PETIT-ÉMERAUDE, Less. Voy. Coquille, (text) vol. i. (1826) p. 654. —Vieill. Ois. Dor. t. ii. pl. 11.

PARADISEA PAPUANA, Bechst. Kurze Uebersicht (1811), p. 131. sp. 2. —G. R. Gray, Gen. of Birds. vol. ii. p. 323. sp. 2. —Bon. Consp. Gen. Av. (1850) p. 413. sp. 2. —Sclat. Proc. Zool. Soc. (1862) p. 123. —G. R. Gray, Proc. Zool. Soc. (1859) p. 157. sp. 48. —Wall. Proc. Zool. Soc. (1862) p. 160. —Id. Ibis, (1859) p. 111, (1861) p. 287. —Schleg. Mus. Pays Bas, (1867) p. 82. —Wall. Malay Archip. vol. ii. p. 240. —Schleg. Journ. für Orn. (1861) p. 385. —Von Rosenb. Journ. für Orn. (1864) p. 129. —Schleg. Tijdsch. Dierk. parts 4 & 5, pp. 17 & 49.

PARADISEA BARTLETTII, Goodwin, Proc. Zool. Soc. (1860) p. 243.

分布： 新几内亚、卫古岛、米苏尔、萨尔瓦蒂、约比、密苏里、比亚克、苏克岛（华莱士、伯恩斯坦）

J. Smit. lith

M & N Hanhart imp

PARADISEA MINOR

从名字上便知，这种鸟体型小于大极乐鸟，但外形相像。门外汉很容易将其混淆，但其实二者的羽毛结构和颜色还是有区别的，小极乐鸟背部的黄色区域更大。博物学家们早已知道小极乐鸟，1782 年，莱瑟姆在其著作《鸟类大纲》中便有提及。鸟类学家一度称其为巴布亚极乐鸟，后在 1809 年才由肖进行更名。莱森航行期间曾在摩鹿加群岛停留，捕获过小极乐鸟，他的描述经翻译如下：

“小极乐鸟食物来源广泛，柚木种子、无花果等都是它们钟爱的。我们见过中国人养的两只，非常活泼好动，被喂以煮熟的大米，尤其喜欢蟑螂和飞蛾。一位商人出价 500 法郎购买。我们很遗憾未能带几只回法国，它们很像我们国家的喜鹊，是有很大概率在法国存活的。小极乐鸟生活在巴布亚群岛的森林中，位于赤道以南。季风时节，它们会选择迁徙。雌鸟集体站在高树顶端呼唤寥寥几只雄鸟加入，宛若君主和后宫众多嫔妃。”

莱森在其作品《天堂鸟博物志》中还写道：“小极乐鸟动作敏捷，喜欢占据森林的高处，只有觅食或是躲避骄阳时才往下飞，茂密的林叶隐蔽处是它们理想的居所。日间它们很少出行，觅食也是在早晚时分。通常四下无人时，它们开始鸣叫，声音刺耳响亮，目的是为了呼唤雌鸟的爱意。雄鸟在战胜情敌后傲然挺立在其貌不扬的雌鸟间。它们是一夫多妻制吗？还是因为雄鸟羽毛华丽引人注意常被捕杀才造成了比例失调？

“小极乐鸟特别的叫声使我们轻松察觉到它们的行踪，因而捕获不少。见到第一只的时候我们着实很惊讶，以至于忘了开枪。我们小心翼翼地走在野猪踩出的林间小路上，一只小极乐鸟优雅飘逸地掠过头顶，宛若流星，尾羽如光束般划过。枪声响起，我们深感不安，它则静悄悄地躲进丛林，无迹可寻。再次开枪，它便骤然飞走。

“新几内亚的高树是它们的家园，只有远射程的枪适合猎杀，距离可达约 150 步幅。一旦受伤，小极乐鸟便会躲入灌木丛中。一次我们偶然在溪水边发现了一只将死的鸟儿，应该是前一天被打伤掉落至此的。清晨或傍晚之前，猎人蹲守在果树下隐蔽处，等待小极乐鸟飞来，经常是未见其身先闻其声。我曾见过它们去找树籽和无花果吃，偶尔还有昆虫。一位富有的中国商人曾养了两只，喂它们大飞蛾和煮熟的大米。”

华莱士从印度群岛的旅行中带来不少小极乐鸟的标本，和大极乐鸟不同，它们分布范围广泛，遍布许多小岛和新几内亚大陆。值得一提的是，华莱士是首位将各种天堂鸟完整标本带到欧洲的人，在他之前只有一些标本残体，人们难以想象天堂鸟的全貌。华莱士曾说：“小极乐鸟相对分布广泛，是新几内亚大陆的常见种类，在周边岛屿也有。新几内亚的南海岸，荷兰博物学家穆勒在东经 136°的河边发现过。我自己在多雷地区捕到过一只。荷兰的埃特纳号船长告诉我，他在洪堡海湾东经 141°也发现过它们的羽毛。由此推断，它们很有可能遍布新几内亚大陆。天堂鸟是杂食动物，昆虫和水果都是它们的食物。1862 年，我返家途中，幸运地在新加坡找到两只活鸟，它们健康且易于喂养，因此我出价 100 英镑买下来带回英国。我一路喂它们香蕉，但很难找到昆虫。每夜还要跑到前甲板去捉蟑螂，勉强为它们提供一餐。路过马耳他的那半个月，我找

到不少蟑螂，还用饼干盒子装了很多备用。3 月经过地中海，冷风袭来，甲板上寒意瑟瑟，大大的鸟笼无处安放，只能暴露在过道的风口处，然而两只鸟并未受冻。尽管快到法国的时候还有一次霜冻，但它们最终挺了过来，安然到达伦敦。后来被转到动物园，又活了一两年，来往许多游客目睹过它们漂亮的羽毛。因此我认为，天堂鸟其实很耐寒，它们更需要的是空气和锻炼。我相信，当时若有一个像样的暖房，或是转移到邱园棕榈馆，它们会多活些年。”

以下是斯克莱特就华莱士的标本在学会上的发言：“这两只天堂鸟安置在动物学会老博物馆高层一个专门腾出的屋子里，鸟笼长 20 英尺，宽 11 英尺，镀铁制成。由于都是雄鸟，我们装入挡光板将它们分开，防止它们一见到彼此就激动狂躁。它们体侧的饰羽还未发育完全，尚需几周时间。”

动物园的主管巴特利特补充了另外的信息：“1862 年 4 月，当这两只鸟到达园中时，它们的羽毛还很短，约 5 英寸长，已经开始换羽，新羽还在生长，从翅膀下伸出。它们看起来健康活泼，爱吃粉虫和昆虫，也吃水果和煮熟的大米，还可以吃半熟的肉。闲来在枝头来回跳跃，动作很像松鸦。它们喜欢洗澡，很注意羽毛的整洁。两个月后，它们便羽翼丰满，绚丽动人了。鸣叫时，小极乐鸟身体前曲，翅膀打开竖起，越过头顶，十分优雅，每片羽毛都在迷人地颤抖。它们自己也很兴奋，将头下低，展示自己最炫目的外衣。由于它们难以共处，我们便将两只鸟分开。它们跳动犹如松鸦，几乎不像喜鹊那样行走，也很少着陆。不久，它们便被驯化，敢于从人类手中取食，一看到黄粉虫便立刻从树上飞下。换羽很快，几日便褪尽，长出新羽。在完全成熟之前，它们每年都要换一次羽，很像孔雀和其他斑斓的鸟类。”

雄鸟头部和喉部的羽毛很短，竖起，天鹅绒一般。头、颈后和背部上方明黄色，上体其他部分、羽翼和尾羽红棕色。额头、颏部、喉部环绕到颈侧羽毛为深绿色，到颏部加深，呈黑色。大覆羽边缘有亮黄色斑纹。整个下体红棕色。羽翼下方长出延长的羽毛，在体侧弯曲下垂，可随意提起，上面覆盖颤动的金色羽毛。下面的羽毛最短，金黄色，被上方一道末梢深栗色的羽毛分开。上方羽毛最长，羽瓣分开，白色，带紫色渲染。尾羽中间有两根没羽瓣的栗色羽轴，从两侧分开，可达 18 到 20 英寸。喙铅色，脚和跗跖黑色，爪牛角色。

雄性幼鸟的不同在于，没有漂亮的侧羽。除了胸部上方深栗色，其余下体都是白色。尾下覆羽红棕色。

还有一只更小的雄鸟，下体全白，没有栗色的痕迹，中间的羽轴带羽瓣，呈红棕色，两根长短不一。

更小一点的雄鸟头和喉部与雌鸟一样是深栗色的，没有任何绿色羽毛。背部上方橄榄棕色，下体纯白。尾部尚无羽轴伸长。

雌鸟的头和喉部深褐色，前额与颏部加深。颈后部黄铜色，直到肩羽，逐渐变暗。羽翼、尾羽和上体其他部分红褐色。整个下体白色，肋部发红。上喙黄铜色，下喙铅色，端部黄色。脚和跗跖深红褐色。

红极乐鸟

Paradisea sanguinea

命名变迁及文献出处：

RED BIRD OF PARADISE, Lath. Gen. Hist. of Birds (1822), vol. iii. p. 186. sp. 4.

PARADISEA SANGUINEA, Shaw, Gen. Zool. (1809) vol. vii. pt. i. p. 487, pl. 59, (1826) vol. xiv. p. 76. —Gray, Hand-l. Birds (1870), pt. ii. p. 16. sp. 6249.

PARADISEA RUBRA, Vieill. Gal. Ois. (1825) vol. i. p. 152, pl. 99. —Less. Trait. Ornith. (1831) p. 336, pl. 3. —Id. Voy. Coquil. (1826) pl. 27, text. p. 660. —Schleg. Mus. Pays-Bas (1867), p. 84. —Cuv. Règn. Anim. (1829) vol. i. p. 427. —Gray, Gen. Birds, vol. ii. pl. 79. —Wagl. Syst. Av. (1827) sp. 3. —Schleg. Dier. fig. p. 171. —Bon. Consp. Gen. (1850) p. 413. sp. 3. —Gray, Proc. Zool. Soc. (1861) p. 436. —Wall. Proc. Zool. Soc. (1862) p. 160. —Id. Ibis, (1859) p. 111, (1861) p. 287. —Bechst. Kurze Ueber. (1811) p. 131. sp. 3. —Wall. Malay Archip. vol. ii. pp. 214, 221, 243. —Schleg. Journ. für Ornith. (1861) p. 385. —Von. Rosenb. Journ. für Ornith. (1864) p. 129 —Schleg. Tijdsch. Dierk. pt. ii. p. 249. —Less. Ois. Parad. (1835) Syn. p. 8. sp. 3 ; Hist. Nat. p. 160, pls. 7 & 8.

L'OISEAU DE PARADIS ROUGE, Levaill. Hist. Nat. des Ois. Parad. (1806) vol. i. pl. 6.

LE PARADIS ROUGE, Vieill. Ois. dor. (1802) vol. ii. p. 14, pl. 3.

分布：卫古岛（华莱士）；盖米和巴丹塔岛（伯恩斯坦）

J. Wolf & J. Smit del. et lith. M & N. Hanhart imp.

PARADISEA SANGUINEA.

在卫古岛和附近小岛上，生活着这种华丽动人的天堂鸟，它们超凡脱俗，两侧长着红色的羽毛。许多学者曾提到过它们，但直到华莱士亲自到它们的家园观察，并出版了相关作品进行描述，我们对红极乐鸟的了解才算深入。以下直接引用华莱士的原文：

"我初次到达那里，惊奇地被告知在木卡地区没有天堂鸟，但贝塞尔地区却有很多，当地人捕杀它们制成鸟皮。我跟当地人讲我听到了红极乐鸟的叫声，但没人相信。不过，当我第一次进入林间，便亲眼见到了它们，并且断定数量不少。它们很害羞，不易被发觉。我的猎手射中了一只雌鸟，而我某日接近了一只漂亮的雄鸟。这只雄鸟正是红极乐鸟，据我目前掌握的资料，它是这个岛屿上唯一的一种天堂鸟，而且其他地区也未曾见到。我发现它时它正在觅食，像啄木鸟一样在找虫子吃，尾部的黑色缎带绕成两个弯，优雅低垂。我试图开枪，但没用太大火力，生怕伤到它的羽毛，结果没能击中，让它落荒而逃。还有一天，我们在不同时间看到了八只红极乐鸟，开枪四次，结果都失败了。我很灰心，感到再也没机会猎到这种奇鸟了。

"我住所附近的无花果树果实都已成熟，许多红极乐鸟前来啄食。有天早上，我正喝着咖啡，一只雄鸟飞入眼帘。我抓起枪跑向树下，举头凝望时看到它在树枝上来回蹦跳。我竭力瞄准，而它却飞到了丛林中。

现在，它们每天清早都会来访，但停留时间很短，加上一些矮树的遮挡，我观察起来很困难。过了些时日，我才捕到一只像样的雄鸟。直至它们再也不来光顾为止，我一共捕到了两只天堂鸟，大概树上的果子已经不多，抑或是它们发现了此地不安全。林间仍然常见它们的踪影，然而我一个月都未能打中一只。

“得知巴布亚人善于捕猎天堂鸟，我便前往贝塞尔寻找熟练的猎人。我把自己的斧子、念珠、刀具和手帕都给了他们，以求交换新捕到的标本，而且我承诺预付。不过只有一个人愿意用两只鸟交换，而其他人都等着看这个古怪的白人到底会怎样做生意，毕竟我是第一个到此地的白人。三天后，有人带来了第一只鸟，还是活的，不过因为它一直被系在书包带子上，尾羽和翼羽有些损坏。我竭力向他们解释，我要的是完整成熟的标本，要么就杀死保管完好，要么就在脚上系上绳子带活的来。逐渐地，他们开始相信我的诚意，有六个人愿意为我捕鸟。他们说，捕鸟需要走很长的路，一旦捕到便回来交差。几天内，有人带鸟返回，虽然这次不再放到书包里，但样子还是不理想。主要原因是去一趟不易，每每捕到一只便绑着腿放在家中再去找其他的，而家中的这只多半奋力挣脱，竭力出逃，结果弄得灰头土脸，两腿肿胀，有时甚至死于饥饿和焦虑。幸好天堂鸟的羽毛结实坚固经得住清洗，洁净之后的模样尚能使人满意。有几只是刚捕到就交到我这里，我才得以真切观察它们的美妙。只要是活鸟，我都会让人准备竹笼，配以食槽，希望能饲养它们。我让人给它们采来爱吃的果子,看着它们贪婪地啄食。活蚂蚱也是它们的最爱，吃起来甩掉大腿和翅膀，简直是狼吞虎咽。天堂鸟爱喝水，而且很活跃，白日里几乎不停地运动。次日会安静些，但食量依然很大。第三天清早便死在笼中，没有任何征兆。有些天堂鸟吃煮熟的大米、水果和昆虫，但不管怎样，每次我试图饲养它们，十有八九都活不过三天。在笼中它们很快便打蔫，之后从栖枝落下，数小时内便会死去。无论是幼鸟还是成年的鸟，鲜有进展。于是我把重点又转向如何保存标本上。

“不像阿鲁群岛和新几内亚一些地区用钝箭猎鸟，捕捉红极乐鸟需要妙招。捕鸟人将它们爱吃的一种果子系在一根叉形长棍上，然后找到红极乐鸟经常栖息的树爬上去放在枝杈间，上面有绳子做好的圈套，·旦鸟儿来吃便收紧捉住它。食物充足的时节，捕鸟人不得不一连坐上几天才有收获。而食物缺乏时，或许一天便能捕到两三只。在贝塞尔地区只有八到十人专门从事这项活计。我决心向他们学习，尽可能多待些时日，尽管吃的东西所剩无几，我的坚持还是让我最终捕到了一系列完好的标本。11 月末我必须回去，以便赶上东部季风的尾巴。大多数跟我做交易的当地人都为我带回了标本，有一位很不幸一只未能捕到，于是带回了当时拿走的斧头。另一位承诺我找来六只，结果到我出发前才给了五只，得知我要离开他立即去捕最后一只。船起航时还没见到他的身影，我以为赶不上了，谁想船刚开他便追上来，高举着鸟儿，满意地交给我说：现在我的任务完成了。所谓的‘野蛮人’有此诚信实在可贵，毕竟这里无需太多的规则。总之，红极乐鸟是卫古岛的独特品种。”

雄鸟前额、颏部、脸颊和喉部是有金属光泽的草绿色，颏部变黑。眼睛上方的羽毛竖起，形成丛毛。头后橘黄色。头部的羽毛短且密实，如天鹅绒一般，将鼻孔遮住。背上部、披风、肩羽、胸部上方和腰部都是橘黄色。羽翼、尾羽、背部和下体是深栗色，胸部最深，接近黑褐色。翅膀以下长出深红羽毛，像草一样闪耀，端部发白，羽瓣和羽轴皆如此，和王极乐鸟有些类似。背部下方有两根无羽瓣的羽轴，黑色卷曲状，垂至尾部卷成两圈，十分显眼。喙基部铅色，其余牛角色。脚和跗跖黑色。

第二次换羽的雄鸟和以上介绍相似，背部上方更深，呈赭石色，腰部和羽翼都是栗棕色。两侧丛羽还未长出，但已显出比周围羽毛长的态势。长羽轴端部有红褐色羽瓣，未来会逐渐脱掉。

雌鸟前额、颏部、两颊和喉部都是深栗色。头后、胸部上方黄色。背部上方和肩羽深赭黄色。其余羽毛，包括羽翼和尾羽皆为深褐色。喙牛角色，基部铅色。脚和跗跖黑色。

绿胸辉极乐鸟

Manucodia chalybea

命名变迁及文献出处：

MANUCODIA CHALYBEA, Bodd. Tabl. Plan. Enl. d'Hist. Nat. de Daubent. (1783).

PARADISEA VIRIDIS, Gmel. Syst. Nat. (1788) vol. i. pt. i. p. 402. sp. 8. —Cuv. Règn. Anim. (1829) vol. i. p. 354.

LE CHALYBÉ, Buff. Plan. Enlum. vol. iii. pl. 634.

CHALYBAEA VIRIDIS, Schleg. Tijdsch. Dierk. pt. v. p. 49. —Id. Mus. Pays-Bas (1867), p. 122.

PHONYGAMA CHALYBAEUS, Less. Trait. Ornith. (1831) p. 344. sp. 1.

LE CHALIBÉ, Levaill. Ois. de Parad. (1806) p. 64, pl. 23. —Vieill. Ois. dor. (1802) vol. ii. p. 24, pl. 10.

PHONYGAMA VIRIDIS, Bon. Consp. Gen. Av. p. 368 (1850). —Gray, Gen. Birds, vol. ii. p. 303. sp. i. —Rosenb. Journ. für Orn. (1864) p. 122.

MANUCODIA VIRIDIS, Gray, Proc. Zool. Soc. (1861) p. 436. —Id. Hand-l. Birds, pt. ii. (1870) p. 17. sp. 6257.

CRACTICUS CHALYBEUS, Vieill. Nouv. Dict. d'Hist. Nat. (1816) vol. v. p. 355.

PARADISEA CHALYBEA, Lath. Ind. Ornith. (1790) vol. i. p. 197. sp. 10. —Shaw, Gen. Zool. (1809) vol. vii. p. 504, pl. 71.

BLUE-GREEN PARADISE-BIRD, Lath. Gen. Syn. vol. ii.(1782) p. 482. sp. 7.

分布：新几内亚近海岸处和岛屿中部的山地地区（罗森伯格）

J. Wolf, & J. Smit. del. & lith.

M&N Hanhart imp

MANUCODIA CHALYBEUS

学界早已知晓绿胸辉极乐鸟，但见过的一度是其残体，经过当地人粗鲁的加工后时常少了腿和翅膀。后来，荷兰和其他国家组织探险队到新几内亚搜寻，加上一些私人的完整收藏，博物学家们才得以看清这种奇鸟，并将它归在天堂鸟名下。它们长而硬的喙类似于鸦科的鸟类，不过它们朝外的两个脚趾紧密相连，不能打开站在栖木上，这和鸦科鸟类有所不同，而是和天堂鸟更相似。

有关绿胸辉极乐鸟的数量和习性尚不清楚，那些捕猎过的人们也疏忽了这点。而至今我们只能靠鸟皮的研究得出些许认识。

绿胸辉极乐鸟与其近亲黑辉极乐鸟很像，但头部与颈部羽毛的卷曲极为特别，这些羽毛有时还会延伸到背部和胸部，带有杂色的金属光泽。

头上羽毛短而密实，到眼睛处变长，端部发蓝；喉部、颈部和胸部上方浅绿色，胸上羽毛卷曲；背部和羽翼蓝紫色，次级飞羽尤其耀眼，初级飞羽褐色；下体和背部一样，但是蓝色不很鲜艳；尾羽和羽翼蓝紫色。喙黑色。跗跖黑色。

黑辉极乐鸟

Manucodia atra

命名变迁及文献出处：

PHONYGAMA ATRA, Less. Voy. Coq. , texte (1826), vol. i. p. 638. —Id. Trait. Ornith. (1831) p. 344. sp. 2, juv. —Gray, Gen. Birds, vol. ii. (1845) p. 303. sp. 3.

MANUCODIA ATRA, Gray, Proc. Zool. Soc. (1859) p. 158. sp. 49, (1861) p. 436. —Id. Hand-l. Birds, pt. ii. (1870) p. 17. sp. 6260.

CHALYBEA ATRA, Schleg. Mus. Pays-Bas (1867), p. 121.

分布： 新几内亚（莱森、华莱士）；阿柔、萨尔瓦蒂、卫古、盖米（伯恩斯坦）

J. Wolf. & J. Smit. del. et lith.

M & N. Hanhart imp.

MANUCODIA ATRA

莱森通过在新几内亚找到的标本首次将黑辉极乐鸟与绿胸辉极乐鸟区分，并在著作中描述如下：

“新几内亚人每天都把许多天堂鸟带到船上，其中就有去掉腿脚、用木棍穿起来的绿胸辉极乐鸟。有几次我们捕到一些羽毛颜色更深、身体比例有别于绿胸辉极乐鸟的品种，我认为它们并不是同一种。

“黑辉极乐鸟独自生活在新几内亚森林里，那里有它们爱吃的水果。它们的背部和羽翼冷绿色，次级飞羽有紫色渲染，初级飞羽深褐色。下体浅绿色，与背部相仿。尾羽黑色，带有紫色光泽，羽瓣中间最深。喙和跗跖黑色。”

号声极乐鸟

Manucodia keraudreni

命名变迁及文献出处：

PHONYGAMA KERAUDRENI, Less. Man. d'Orn. (1828) tom. i. p. 141. —Id. Voy. Coquille (1826), texte, vol. i. p. 636. —Gray, Gen. of Birds (1845), vol. ii. p. 303. sp. 2. —Less. Traité d'Ornith. (1831) p. 344. sp. 3. —Bon. Consp. Gen. Av. (1850) p. 368. —Rosenb. Journ. für Ornith. (1864) p. 123.

BARITA KERAUDRENI, Less. Voy. Coquille, Atlas, t. 13.

MANUCODIA KERAUDRENI, Gray, Hand-l. Birds, part ii. (1870) p. 17. sp. 6258. —Id. Proc. Zool. Soc.(1859) p. 158. sp. 50, (1861) p. 436. —Gould, B. Austr., Suppl. pl.

CHALYBEUS CORNUTUS, Cuv. Règn. Anim. (1829) vol. i. p. 354. —Gould, Voy. Rattlesnake, vol. ii. p. 357.

CHALYBEUS KERAUDRENI, Schleg. Mus. Pays-Bas (1867), p. 120.

PHONYGAMA LESSONIA, Swains. Class. Birds, vol. ii. p. 264.

MANUCODIA GouldI, G. R. Gray, Proc. Zool. Soc. (1859) p. 158, note. —Gould, Hand-b. Birds Austr. vol. i. p. 236. Gray, Hand-l. Birds,part. ii. (1870) p. 17. sp. 6259.

分布： 新几内亚、澳大利亚

J Wolf & J Smit del. et lith. M & N Hanhart imp.

MANUCODIA KERAUDRENI

莱森在贝壳号航行于新几内亚时获得了这种鸟，并于回国后在他的作品中进行了描绘。它们的一大特色是从头两侧长出丛毛，像是一对小羽冠。不过最有趣的还是气管的结构，长 17.5 英寸，由许多环状软骨组成。

“气管直接与胸骨相连，向下弯曲，形成把手状，约 1 英寸，往下再次盘旋至腹部成平台一般。喉管的特殊构造使其成为天堂鸟中的歌唱家，每当歌声在新几内亚的森林深处响起，听者可以瞬间识别那清澈辽远的声音。它们音域宽广，我们的水手称其为‘哨子鸟’。可惜它们生性敏感，数量稀少，我们只捕获了两只，地点是我们停靠的多雷港。”

澳大利亚有种与其相近的鸟，不过羽毛上带绿色渲染，格雷给它们起了一个新的名字——*Manucodia gouldi*。新几内亚的这种天堂鸟羽毛是紫色的。我觉得它们实为同一种，只是在适应各自的环境时产生了一些差异，相信进一步的了解会证明我的推断。

鉴于号声极乐鸟是稀有鸟类，有关其数量和习性的信息尚不确定。

它们通体绿色，有紫色光泽。头部羽毛很短，枕部两侧有两丛长毛，与头部颜色相同。颈部和喉部的羽毛很长，披针形，盖住背与胸。羽翼紫色，初级飞羽紫褐色。尾羽蓝色，有紫色渲染。脚与喙黑色。

黑蓝长尾风鸟

Astrapia nigra

命名变迁及文献出处：

GORGET BIRD OF PARADISE, Lath. Gen. Syn. (1782) p. 47B, pl. xx. —Id. Gen. Hist. vol. iii. (1822) p. 196. sp. 14.

PARADISEA NIGRA, Gmel. Syst. Nat. vol. i. pt. i. (1788) p. 401. sp. 5. —Bechst. Kurz. Uebers. (1811) p. 132. sp. 7.

PARADISEA GULARIS, Lath. Ind. Ornith. vol. ii. (1790) p. 196, sp. 5. —Shaw, Gen. Zool. vol. vii. pt. ii. (1809) p. 501, pls. 69 & 70.

LA PIE DE PARADIS OU L'INCOMPARABLE, Levaill. Hist. Nat. Ois. Parad. vol. i. (1806) pls. 20, 21, & 22.

LE HAUSSE-COL DORÉ, Vieill. Ois. Dor. vol. ii. (1802) p. 22, pls. 8 & 9.

EPIMACHUS NIGER, Schleg. Mus. Pays-Bas, (1867) p. 94.

L'OISEAU DE PARADIS À GORGE D'OR, Sonnini, edit. Buff. t. ix. p. 23.

ASTRAPIA GULARIS, Vieill. Gal. des Ois. tom. i. p. 109, pl. 107 (1825). —Less. Trait. Ornith. (1831) p. 338. —Schleg. Journ. für Ornith. (1861) p. 386. —Von Rosenb. Journ. für Ornith. (1864) p. 131. —Less. Ois. Parad. (1835), Syn. p. 18. sp. 8. —Id. Hist. Nat. p. 106,pls. 21, 22, & 23.

ASTRAPIA NIGRA, Bonap. Consp. Gen. Av. (1850) p. 414. —Gray, Gen. Birds, vol. ii. p. 326. sp. l. —Id. List Gen. Birds (1855), p. 65. —Id. Proc. Zool. Soc. (1861) p. 436. —Wall. Proc. Zool. Soc. (1862) pp. 154, 155, 159, & 160. —Shaw, Gen. Zool. vol. xiv. (1826) sp. 75. — Wall. Malay Archip. vol. ii. p. 257.

分布：新几内亚（内陆）、约比岛？（施莱格尔）

J. Wolf & J. Smit del. et lith.

M & N. Hanhart imp.

ASTRAPIA NIGRA

在写作本书之时，我竭力描绘天堂鸟的炫彩，不过只言片语加上平面绘画远未达到我心中的标准，它们漂亮的外形早已超越书籍所能传达的效果。这种鸟得天独厚，丛毛、羽冠和长尾都别具一格，使艺术家既心生爱慕又对普通艺术表达形式几近绝望。事实上，我们已经感到想要完美表现一只雄鸟的华羽是不可能的。它们的金属光泽在林间熠熠生辉，在绚烂炽烈的阳光下光彩夺目。

新几内亚内陆是它们的家园，黑蓝长尾风鸟就住在这里，其鸟皮也曾被带到欧洲。最近，欧洲的白种人开始航行至这片土地上，不过他们的探索主要在海岸，因为当地人守护着内陆的土地，生怕这些远道而来的白人“怪物”侵占自己的家园。此外，双方确实屡次产生摩擦冲突，他们想要深入其中也是危险的。

只有一名欧洲人成功到达了新几内亚山地：罗森伯格先生。他用了几年时间最终找到一处安全区域，并由此到达海拔 4000 至 5000 英尺的山间。在荷兰政府的支持下，罗森伯格为莱顿博物馆收集了无与伦比的优质标本，他努力探索的精神也促进了我们对世界的认知和科学的发展。在欧洲各国中，荷兰在这方面总是冲锋在前，从世界各地搜罗到资源和知识。尽管罗森伯格成功进入腹地，由于气候多雨以及跋涉艰难，他的收获并未达到预期。但他确实为科学研究收集了新的物种，尤其是这里的多种天堂鸟，黑蓝长尾风鸟便是其中之一。罗森伯格没能带回羽毛成熟的雄鸟，而是带回了一只未长全的幼鸟。至今关于它们的数量与习性的信息还没见到，卵的知识暂时也是空白。雄鸟外形好看，雌鸟则灰暗普通，没有华丽的羽毛和金属光泽。

雄鸟头顶和前额黑色，有紫色渲染。眼周和两颊羽毛加长，形成半圆的羽冠，像天鹅绒一样，黑色，带紫色渲染。颈背布满长毛，基部褐色，端部发绿色。背部与尾上覆羽亮紫色。羽翼紫色，有绿色渲染。初级飞羽黑色。喉部和颏部羽毛很长，颏部羽毛几乎盖住下喙，有天鹅绒质感。胸部上方紫黑色。眼后向下有一条红色斑纹穿过胸部，环绕一周，好似火焰。下体深绿色。尾部有12根长而宽的羽毛，雅致地低垂，中间两根紫色，其余紫黑色。喙、脚和跗跖乌黑。

雌鸟头黑色，有紫色光泽。上体黑褐色，亦有紫色光泽。羽翼黑色，泛紫色光。下体为天鹅绒质感的黑色，其余浅褐色。喙、脚和跗跖黑色。

幼小的雄鸟的头、喉部、胸部上方亮黑色。背部和尾上覆羽黑褐色。初级飞羽和次级飞羽浅褐色，外层羽瓣边沿发红。腹部、肋部和尾下覆羽黑褐色，带有不规则的褐白色条纹，与尾下覆羽相连。尾羽很长，中间两根深褐色，其余浅褐色。喙、脚和腿乌黑。

阿法六线风鸟

Parotia sexpennis

命名变迁及文献出处：

PARADISEA SEXPENNIS, Bodd. Tab. Plan. Enlum. (1783).

PARADISEA PENICILLATA, Scop. Flor. et Faun. Insub. (1786) p. 88.

MANUCODE À SIX FILETS, Buff. Plan. Enlum. vol. iii. (1774) p. 198, t. 633. —Briss. Hist. des Ois. (1778) vol. iii. p. 171.

L'OISEAU DE PARADIS À GORGE DORÉE, Sonn. Voy. Nouv. Guin. (1776) p. 158, pl. 97.

GOLDEN-BREASTED BIRD OF PARADISE, Lath. Gen. Syn. (1782) p. 481, vol. ii. —Id. Gen. Hist. Birds (1822), vol. iii. p. 194. sp. 12, pl. xlvii.

PARADISEA AUREA, Gmel. Syst. Nat. (1788) vol. i. pt. i. p. 402. sp. 7. —Bechst. Kurze Uebers. (1811) p. 133. sp. ll.

PARADISEA SEXSETACEA, Lath. Ind. Orn. (1790) vol. ii. p. 194. sp. 9. —Shaw, Gen. Zool. (1809) vol. vii. pt. 2, p. 496, pl. 66. —Wagl. Syst. Av. (1827) sp. 6. —Less. Traité d'Ornith. (1831) t. i. p. 337. —Cuv. Règn. Anim. (1829) t. i. p. 427. —Vieill. Encycl. Méth. (1823) t. iii. p. 909, pl. cxliv. fig. 1.

LE SIFILET, Levaill. Hist. Nat. des Ois. Parad. vol. i. (1806) pls. 12 & 13. —Vieill. Ois. dor. (1802) vol. ii. p. 18, pl. 6. —Id. Analyse (1816), p. 33.

PAROTIA SEXSETACEA, Vieill. Gal. Ois. vol. i. (1825) p. 148, pl. xcvii. —Less. Trait. Ornith. (1831) p. 337. —Wall. Proc. Zool. Soc. (1862) p. 160. —Von Rosenb. Jour. für Ornith. (1864) p. 131. —Less. Ois. Parad. (1835) Syn. p. 10. sp. 4 ; Hist. Nat. p. 172, pls. 10, 11, 11 bis, 12.

PARADISEA AUREA, Bon. Consp. Gen. Av. (1850) p. 414.

PAROTIA AUREA, G. R. Gray, List Gen. Birds (1855), p. 65. —Wall. Ibis (1861), p. 287.

PARADISEA SEXPENNIS, Gray, Proc. Zool. Soc. (1861) p. 436. —Schleg. Journ. für Ornith. (1861) p. 385. —Id. Tijdsch. Dierk. pt. v. p. 50.

PAROTIA SEXPENNIS, Wall. Malay Archip. vol. ii. p. 250.

分布： 新几内亚

J. Wolf & J. Smit. del. et lith.

M & N. Hanhart imp.

PAROTIA SEXPENNIS.

在外形华美的天堂鸟中，阿法六线风鸟的样子绝对算特别。它们不单拥有姣好的外形、天鹅绒般的质感、金属光泽的羽盾和修长的侧羽，而且其后枕每侧还长出三根长长的羽轴，端部带有片状紫黑色铲片，这也是其他天堂鸟中未曾见过的。

1774 年，布丰曾根据标本残体首次画出了阿法六线风鸟，而其雄鸟的完整标本从来没有人得到过。我的收藏中有一只相对完整，但也没有脚。尽管博物学家们早就知道它们，但有关其数量与习性的信息尚不明确。罗森伯格的新几内亚之行收获了几只雌鸟，相比之下雌雄差异很大，如图所示，雌鸟头两侧也长有羽毛。感谢施莱格尔教授提供了一只雌鸟，我才得以完成此画作。

雄鸟通体黑色，天鹅绒质感，在特定光线下有紫色的光泽，十分优雅。前额羽毛前凸，几乎盖住喙的三分之二。枕部有冠，中间隐约有绿色羽毛，无法言喻。耳覆羽后面长出羽轴，无羽瓣，大约 5 英寸，端部带有天鹅绒质感的铲片，颜色与身体一致。胸部上方有宽宽的金属色泽羽盾，在不同光线下呈金色、铜色和蓝绿色，中间为黑色。羽盾底部有浓密的羽毛延伸至尾羽，颜色与其余部位相同。它们时而会竖起这些羽毛，盖住后背。由于和下体其他羽毛不关联，所以可以掩藏整个身体。下体其余和背部一样，带有紫罗兰色的渲染。尾部很圆，与羽翼和身体同色。喙和脚黑色。

雌鸟头上部黑色，枕部有小冠，眼后两侧长出羽毛，形成颈部的冠羽。背部上方黑褐色，其余部分和羽翼都是红褐色。下体米色，腹部和肋部最深，喉部和胸部上方发黑，下方深褐色。下喙到耳处有一条细细的黑线。尾羽深红褐色，羽瓣边缘处最浅。喙和脚黑色。

华美极乐鸟

Lophorina atra

命名变迁及文献出处：

PARADISEA ATRA, Bodd. Tabl. Plan. Enlum. D'Aub. (1783).

L'OISEAU DE PARADIS DE LA NOUVELLE GUINÉE DIT LE SUPERBE, Buff. Plan. Enlum. vol. iii. (1774) p. 197, t. 632. —Briss. Hist. Nat. Ois. vol. iii. (1775) p. 169.

OISEAU DE PARADIS À GORGE VIOLETTE, Sonn. Voy. Nouv. Guin. (1776) p. 157, pl. 96.

PARADISEA NIGRA, Forst. Ind. Zool. p. 34.

SUPERB BIRD OF PARADISE, Lath. Gen. Syn. (1782) p. 479. —Id. Gen. Hist. Birds, vol. iii. (1822) p. 191. sp. 8.

PARADISEA SUPERBA, Gmel. Syst. Nat. (1788) vol. i. pt. i. p. 402. sp. 6. —Scop. Faun. & Flor. Insub. (1786) p. 88. —Lath. Ind. Ornith. vol. ii. (1790) p. 194. sp. 7. —Shaw, Gen. Zool. vol. vii. pt. ii. (1809) p. 494, pls. 63, 64, & 65. —Id. Nat. Misc. vol. xxiv. pl. 1021. —Wagl. Syst. Av. (1827) sp. 5. —Wall. Ibis, (1859) p. 111. —Bechst. Kurz. Uebers. (1811) p. 132. sp. 9. —Schleg. Journ. für Ornith. (1861) p. 385.

FURCATED BIRD OF PARADISE, Lath. Gen. Hist. Birds, vol. iii, (1822) p. 192. sp. 9.

LOPHORINA SUPERBA, Vieill. Analy. (1816) p. 35.

LE SUPERBE, Levaill. Hist. Nat. des Ois. Parad. (1806) vol. i. pls. 14, 15. —Vieill. Ois. dor. (1802) t. ii. pl. vii.

PARADISEA FURCATA, Bechst. Kurz. Uebers. (1811) p. 132. sp. 10.

LOPHORINA SUPERBA, Vieill. Gal. Ois. vol. i. (1825) p. 149, pl. xcviii. —Less. Trait. Ornith. (1831) p. 337. —Bon. Consp. Gen. Av. (1850) p. 414. —Gray, List Gen. Birds (1855), p. 65. —Wall. Proc. Zool. Soc. (1862) p. 100. —Id. Ibis, (1861) p. 287. —Shaw, Gen. Zool. (1826) vol. xiv. p. 76. —Less. Ois. Parad. (1835) Syn. p. 12, Hist. Nat. p. 179, pls. 13 & 14.

LOPHORINA ATRA, Wall. Malay Archip. vol. ii. p. 249.

分布：新几内亚

J. Wolf & J. Smit del. et lith.

M & N. Hanhart imp.

LOPHORINA ATRA

这种黑色的天堂鸟，尽管数量很少，却是该科鸟类中羽毛组成格局最完美的一种鸟类。这种鸟引人注目之处在于其后枕的羽冠好似披风，每每抬起，犹如装饰般惹眼，任何见过的人都为它们的神奇赞叹。

华莱士曾说："这种小鸟生活在新几内亚北部，我和我的助手艾伦在别处一直没有找到。莱森从当地人那里得到了标本。由于颜色很深，不够绚丽，当地人很少将其捕捉贩卖，所以在岛上的数年我未曾得到过一只鸟皮标本。我们对它们的习性的了解很有限，只知道雌鸟和别的天堂鸟一样其貌不扬。"

罗森伯格在新几内亚内陆捕到了雌雄华美极乐鸟，并为莱顿博物馆提供了完整的鸟皮。雌鸟很像雌性阿法六线风鸟，如果不是通过雄性鉴别，难以区分二者，只是前者比后者体型略小。施莱格尔慷慨借给我一对华美极乐鸟标本，我将它们带到伦敦，帮助沃尔夫完成了这幅逼真的画作。

雄鸟头顶和后背深绿色，有金属光泽，每根羽毛上还有亮紫色的细纹。前额的羽毛延长至鼻孔。后背和颈侧长出黑天鹅绒般的披风，带紫色渲染。次级飞羽黑色，在特定光线下呈亮紫色。初级飞羽紫褐色。头两侧紫色，颏部和喉部黑色，带橄榄绿光泽。颈部下方靠前亮紫色。胸部上方有羽盾，可随意竖起，呈蓝绿色，在某些光线下会变成紫色。其余下体紫黑色。喙、脚和跗跖墨黑色。

雌鸟头顶和两侧黑褐色，跨过眼睛有一道短短的白色细纹。每根羽毛端部都是黑色。上体红褐色，颈部下方最深。次级飞羽深褐色，羽瓣红褐色。初级飞羽黑棕色，边缘为褐色。颏部、喉部以及整个腹部白色，带有棕黑色横条纹，胸部和腹部的条纹更粗一些。尾羽黑褐色，羽瓣边缘浅褐色。喙、脚和跗跖墨黑色。

丽色极乐鸟

Diphyllodes speciosa

命名变迁及文献出处：

PARADISEA SPECIOSA, Bodd. Tabl. Plan. Enlum. D'Aub. (1783).

PARADISEA MAGNIFICA, Gmel. Syst. Nat. vol. i. (1788) p. 401. sp. 4. —Lath. Ind. Orn. vol. ii. (1790) p. 194. —Shaw, Gen. Zool. vol. vii (1809) pt. 2, p. 492, pl. 62; vol. xiv. (1826) p. 76. —Less. Trait. Ornith. (1831) p. 338. —Wagl. Syst. Av. pt. i. (1827) sp. 4. —Wall. Proc. Zool. Soc. (1862) p. 160. —Bechst. Kurze Uebers. (1811) p. 132. sp. 5. —Cuv. Règn. Anim. vol. i. (1829) p. 427.

CRESTED PARADISE-BIRD, Lath. Gen. Hist. vol. iii. (1822) p. 190. sp. 7.

LE MAGNIFIQUE, Vieill. Ois. Dor. vol. ii. (1802) p. 15, pl. 4.

LE MANUCODE À BOUQUETS, Buff. Plan. Enlum. vol. iii. (1774) p. 194, t. 631. —Briss. Hist. des Ois. vol. iii. (1775) p. 166. —Levaill. Hist. Nat. des. Ois. Parad. vol. i. (1806) pls. 9, 10, & 11.

L'OISEAU DE PARADIS SURNOMMÉ LE MAGNIFIQUE, Sonn. Voy. Nouv. Guin. (1776) p. 163, pl. 98.

MAGNIFICENT PARADISE-BIRD, Lath. Gen. Syn. vol. ii. (1782) p. 477, pl. xix. —Id. Gen. Hist. Birds, vol. iii. (1822) p. 189, pl. xlv.

PARADISEA CIRRHATA, Lath. Ind. Ornith. (1790) p. 195. sp. 4. —Bechst. Kurze Uebers. (1811) p. 132. sp. 6.

DIPHYLLODES SELEUCIDES, Less. Ois. Parad. (1835) Syn. p. 16. sp. 7. —Hist. Nat. p. 191, pls. 19 & 20.

DIPHYLLODES MAGNIFICA, Gray, List Gen. Birds (1855), p. 65. —Wall. Ibis, (1861) p. 287. —Bon. Consp. Gen. Av. p. 413.

PARADISEA SPECIOSA, Gray, Gen. Birds, vol. ii. p. 323. sp. 4. —Id. Hand-list Birds, pt. ii. (1870) p. 16. no. 6251. —Schleg. Mus. Pays-Bas (1867), p. 86. —Id. Journ. für Ornith. (1861) p. 386. —Id. Tijdsch. Dierk. pts. iv. & v. pp. 17, 49.

DIPHYLLODES SPECIOSA, Wall. Malay Archip. vol. ii. p. 247.

DIPHYLLODES MAGNIFICA, Von Rosenb. Journ. für Ornith. (1864) p. 130.

分布： 新几内亚、萨尔瓦蒂、卫古岛、米苏尔（华莱士）；约比岛（施莱格尔）

J. Wolf, & J. Smit. del. et. lith.

M&N Hanhart imp

DIPHYLLODES SPECIOSA

根据目前掌握的资料，丽色极乐鸟和威氏极乐鸟是近亲，都有黄色的披风从颈后长出，腰部下方伸出两根线状的羽毛，在尾部交叉后向外卷曲形成圆圈。华莱士未能找到这种鸟的标本，不过莱顿博物馆派去印度群岛的伯恩斯坦带回一些漂亮的标本。华莱士曾说："关于丽色极乐鸟，我们可以确认，它们丰满的羽毛可以竖起，极其夺目，华丽的黄色披肩极富魅力，是干瘪的鸟皮难以表现的。它们的脚是深蓝色。"尽管雄鸟美得妙不可言，雌鸟却貌不惊人，十分瘦小。它们浑身褐色，下体颜色有些加深。外形上，它们和雌性王极乐鸟很像，但体型稍大。很奇特的一点是，在天堂鸟中尽管雄性色彩斑斓、形态不一，雌性却大多只在大小上存在差距。

虽然鸟类学家知道丽色极乐鸟已有百年之久，但直到最近，关于其数量和习性我们还是无从知晓。在当地捕到活鸟的收藏者中，也没人见过它们的巢和卵。

雄鸟的头顶褐色，有浅绿色渲染。眼后红棕色，比冠羽浅。前额的羽毛延长到喙，盖住鼻孔，深栗色，带绿色金属光泽。眼上和眼前有深绿色斑点。耳覆羽和脸颊栗色。颈上方枕下部长出稻黄色披风，盖住后背，还可随意竖起。披风基部有些短短的灰色羽毛。背部中间红色，边缘黑色。翼覆羽浅米色，盖住次级飞羽。初级飞羽深褐色，边缘米色。腰部黄褐色，杂以橘黄色。颏部的羽毛向前凸，到达喙中部，深栗色。胸部和披风之间盖住肩膀的羽毛为浅褐色。喉部、胸部和腹部为亮绿色，中间有一道斑纹。尾羽很短，深褐色，从中间长出两根羽轴，在开始处交叉，向外卷曲呈环形，十分优雅。羽瓣为亮绿色，在特定光线下呈深紫色。喙基部黑色，端部牛角色。眼后有一条窄窄的裸露的皮肤。脚和跗跖深蓝色。

雌鸟头和整个上体红棕色。次级飞羽的边缘黄棕色。初级飞羽深褐色。喉部白色，带有褐色小斑点。整个下体褐白色，带褐色纹路，以肋部最宽。尾下覆羽红棕色，有深褐色纹路。尾羽红褐色。喙蓝黑色，基部最深。跗跖和脚黑色，或是深蓝色。

感谢朱勒借给我一副雌鸟标本，帮助这幅画作完成。

金翅极乐鸟

Diphyllodes speciosa, chrysoptera

命名变迁及文献出处：

DIPHYLLODES CHRYSOPTERA, Gould, MS.

分布： 不明

J. Wolf. & J. Smit. del. et lith.

M & N. Hanhart imp.

DIPHYLLODES CHRYSOPTERA.

古尔德认为金翅极乐鸟是丽色极乐鸟的亚种[①]，不过据我研究还未发现关于它们的区别。唯一可以看出的是，这种鸟的羽翼为金色，但大小和丽色极乐鸟一样。对于将其当作一个独立鸟种的设想我不敢苟同，这里我将二者呈现在画中供读者鉴赏。它们的确切分布还不知晓。感谢古尔德借给我标本。

基本上它与丽色极乐鸟是别无二致的。

---

① 该标本确为丽色极乐鸟的 *chrysoptera* 亚种。本书中“金翅极乐鸟”直接译自其英文名。——译者注

威氏极乐鸟

Diphyllodes respublica

命名变迁及文献出处：

LOPHORINA RESPUBLICA, Bonap. Compt. Rend. (1850) p. 131. —Id. Consp. Gen. Av. p. 413.

PARADISEA WILSONI, Cass. Journ. Acad. Nat. Scien. Phil. (1850) vol. ii. pl. 15. —Gray, Proc. Zool. Soc. (1861) p. 436. —Sclat. Proc. Zool. Soc. (1865) p. 465. —Schleg. Mus. Pays-Bas (1867), p. 87. —Id. Tijdsch. Dierk. part ii. p. 249.

SCHLEGELIA CALVA, Bernst. Nederl. Tijds. Dierk. (1864) part. i. pl. 7.

DIPHYLLODES RESPUBLICA, Sclat. Proc. Zool. Soc. (1857) p. 6. —Von Rosenb. Journ. für Ornith. (1864) p. 130.

DIPHYLLODES WILSONI, Wall. Proc. Zool. Soc. (1862) p. 160. —Newton, Ibis (1865), p. 343. —Wall. Malay Archip. vol. ii. p. 248.

分布：卫古岛和巴丹塔岛（施莱格尔）

J. Wolf & J. Smit del et lith. M&N. Hanhart imp

DIPHYLLODES RESPUBLICA

1850年波拿巴首次描述了这种鸟，并将其种名确定为*respublica*。同年8月卡森也介绍了它，并为纪念伟大的鸟类学家爱德华·威尔逊而起名“威氏极乐鸟”。它一度是天堂鸟中最罕见的一种，可能分布在新几内亚。然而后来伯恩斯坦在卫古岛和巴丹塔岛上捕获了许多威氏极乐鸟，并寄回了莱顿和伦敦。鉴于此，我不太确定该鸟是否在新几内亚本岛上有分布。尽管它是丽色极乐鸟的近亲，但它们有一点明显的不同，威氏极乐鸟的头几乎是秃的，上面有些天鹅绒质感的短羽毛，这一点雌雄相同，裸露的地方为蓝色。还有一点差异是，威氏极乐鸟拥有深红色的次级披风。伯恩斯坦见过更多的活鸟标本，他描述如下：

“这种鸟有别于其他天堂鸟之处在于其裸露无毛的头顶。我坚信它是一个独立的鸟种。威氏极乐鸟生活在卫古岛，数量相对稀少，主要栖居在岛的中部。”

伯恩斯坦将其归类到*Schlegelia*属，以此表彰莱顿的施莱格尔教授。在本书中，我并不采纳该意见，因为它们外形特征的差异不足以将其从*Diphyllodes*属中分离出来。

雄鸟头部裸露，蓝色部分至边缘处渐变为绿色，上面交叉长着稀疏的褐色羽毛。与丽色极乐鸟一样，其后颈部长出黄色羽毛。披风深红色，边缘发黑。尾羽和背部都是褐色。羽翼褐色，初级飞羽、次级飞羽和三级飞羽都有深红色的边缘，后两者很宽。下体绿色。颏部变黑。腹部往下黑褐色。颈部和胸部有绿色斑点，带金属光泽。两根羽毛自尾羽基部向上长出，交叉后呈弧形向外卷曲，直径 1 英寸，钢青色。喙黑色。脚和跗跖灰蓝色。

雌鸟头部和雄鸟一样裸露，颜色相同，上面也有褐色的羽毛。上体和尾羽红褐色。下体黄白色，带有黑褐色狭窄斑纹。喙、脚和跗跖与雄鸟一致。

辉亭鸟

Xanthomelus aureus

命名变迁及文献出处：

GOLDEN BIRD OF PARADISE, Edw. Birds, vol. iii. (1760) p. 112. —Lath. Gen. Syn. vol. ii. (1782) p. 483.

ORIOLUS AUREUS, Linn. Syst. Nat. (1766) vol. i. p. 163. sp. 19. —Gray, Hand-l. Birds, pt. i. (1869) p. 293. sp. 4332. —Vieill. Ency. Méth. (1823) t. ii. p. 695. no. 5.

LE PARADIS ORANGÉ, Vieill. Ois. dor. (1802) vol. ii. p. 26, pls. 11 & 12.

PARADISEA AUREA, Lath. Ind. Orn. (1790) vol. ii. p. 195. sp. 11. —Bechst. Kurz. Uebers. (1811) p. 133. sp. 14. —Schleg. Journ. für Ornith. (1861) p. 386.

PARADISEA AURANTIA, Shaw, Gen. Zool. vol. vii. pt. 1-2 (1809), p. 499, pl. 68.

LE LORIOT DE PARADIS, Levaill. Hist. Nat. des Ois. Parad. (1806) vol. i. pls. 18, 19.

LOPHORINA AURANTIA, Shaw, Gen. Zool. (1826) vol. xiv. p. 76.

XANTHOMELUS AUREUS, Bon. Ann. d. Sc. Nat. Sér. iv. Zool. (1854) p. 122. —Id. Compt. Rend. xxxviii. (1854) p. 538. — Elliot, Ibis, (1872) p. 112.

SERICULUS AURANTIACUS, Less. Trait. Ornith. (1831) p. 339. —Id. Ois. Parad. (1835) Syn. p. 20. sp. 9, & Hist. Nat. p. 201, pls. 25, 25 bis, 25 ter.

SERICULUS AUREUS, Gray, Proc. Zool. Soc. (1861) p. 435. —Schleg. Mus. Pays-Bas (1867), p. 98. —Wall. Proc. Zool. Soc. (1862) p. 160. — Id. Ibis, (1861) p. 287. —Id. Malay Archip. vol. ii. pp. 257, 258. —Bon. Consp. Av. (1850) p. 349. sp. 1. —Gray, Gen. Birds (1841), vol. i..p. 232.

分布： 萨尔瓦蒂、新几内亚（华莱士）

J. Wolf & J. Smit del. et lith.

M & N. Hanhart imp.

XANTHOMELUS AUREUS.

这种独特又美丽的鸟很像黄鹂科鸟类，因此被一些博物学家称为“黄鹂天堂鸟”，因为按照分类它们仍属于天堂鸟。尽管一般都将其称作辉亭鸟，并归于辉亭鸟属，但分析其喙的形状、羽毛的外观，比如可以竖起的长披风、厚厚的冠羽，我认为它应该有独立的名字，所以在此采纳了波拿巴的命名 *xanthomelus*。

辉亭鸟极为珍稀，尚未有人见过完整的鸟皮，原因是当地人总是割掉它们的脚或扯掉它们的飞羽。雌鸟比雄鸟还要少见，有可能是因为它们其貌不扬，隐藏在树林中难以发现。关于其数量和习性的信息尚不了解，我们只有一些鸟皮。华莱士自己也未见过，据他说，“这种漂亮的鸟分布在新几内亚大陆和萨尔瓦蒂，但由于数量稀少，我只获得了一副不完整的鸟皮。我还不了解它的习性”。毫无疑问，辉亭鸟可以随意竖起自己的披风，在异性面前抖动翎羽，金光灿灿，十分动人。

雄鸟头和后背的长羽毛深橙色，喉部羽毛到胸部成为一点。初级飞羽和尾羽墨黑色。其余羽毛深黄色。次级飞羽的端部黑色。喙基部牛角色，其余黑色。

雌鸟通体橄榄色，喉部黑褐色，有橄榄色斑点。喙和脚褐色。

王极乐鸟

Cicinnurus regius

命名变迁及文献出处：

THE KING BIRD OF PARADISE, Edw. Birds, vol. iii. (1750) pl. 111.

PARADISEA REGIA, Linn. Syst. Nat. (1766) vol. i. p. 166. —Gmel. Syst. Nat. (1788) vol. i. part i. p. 400. —Lath. Ind. Ornith. vol. ii. (1790) p. 194. —Shaw, Gen. Zool. vol. vii. part ii. (1809) p. 497, pl. 67. —Bechst. Kurze Uebers. (1811) p. 132. sp. 4. —Less. Voy. Coquille (1826), Atlas, pl. 26, (text) vol. i. p. 688. —Cuv. Règ. Anim. (1829) vol. i. p. 427. —Wagl. Syst. Av. (1826) sp. 7. —Gray, Proc. Zool. Soc. (1858) p. 181. sp. 74, (1861) p. 436. —Id. Hand-list of Birds, part ii. (1870) p. 16. no. 6252. —Schleg. Mus. Pays-Bas (1867), p. 88. —Wall. Proc. Zool. Soc. (1862) p. 160. —Id. Ibis, (1859) p. 111. —Gray, Gen. of Birds, vol. ii. p. 323. sp. 5. —Schleg. Hand-l. Dierk. t. i. p. 332, (Atlas) pl. iv. fig. 46. —Wall. Malay Archip. vol. ii. pp. 131 & 248. —Schleg. Journ. für Ornith. (1861) p. 385. —Schleg.Tijdsch. Dierk. parts iv. & v. pp. 17 & 49.

LE MANUCODE, Buff. Plan. Enlum. (1774) p. 192, t. 496. —Briss. Hist. des Ois. vol. iii. (1775) p. 163, pl. xiii. —Levaill. Hist. Nat. des Ois Parad. (1806) vol. i. pls. 7 & 8. —Vieill. Ois. Dor. vol. ii. (1802) pl. 5, p. 16.

LE PETIT OISEAU DE PARADIS, Briss. Ornith. vol. ii. p. 136, pl. xiii. (1760).

LE ROI DES OISEAUX DE PARADIS, Sonn. Voy. Nouv. Guin. (1776) vol. i. p. 156, pl. 95.

KING PARADISE-BIRD, Lath. Gen. Syn. vol. ii. (1782) p. 475. —Id. Gen. Hist. Birds, vol. iii. (1822) p. 188. sp. 5.

CICINNURUS SPINTURNIX, Less. Ois. Parad. (1835) Syn. p. 14. sp. 6. —Id. Hist. Nat. p. 182, pls. 16, 17, & 18.

CICINNURUS REGIUS, Vieill. Gal. des Ois. voL i. (1825) p. 146, pl. xcvi. —Less. Traité d'Orn. (1831) p. 338. —Wall. Ibis, (1861) p. 287. — Shaw, Gen. Zool. (1826) vol. xiv. p. 77. —Von Rosenb. Journ. für Ornith. (1864) p. 130.

CICINNURUS REGIA, Bonap. Consp. Gen. Av. (1851) p. 413. sp. l. —Gray, List Gen. Birds (1855), p. 65.

Burong rajah, Malay. *Goby-goby*, Natives of Aru Islands.

分布： 新几内亚、阿鲁群岛、米苏尔（华莱士）；索龙、萨尔瓦蒂、沃卡姆、沃那慕白（罗森伯格）；约比（施莱格尔）

J. Wolf & J. Smit del. et lith.

M.&N. Hanhart imp.

CICINNURUS REGIUS

王极乐鸟的绚丽，令所有的天堂鸟难以企及。尽管私人和公开机构对它收藏不少，但所有到过岛上的探险者都未能带回关于其数量和习性的信息。华莱士最先在阿鲁群岛上见到过王极乐鸟，据他描述：“我们刚到这里的几日经常下雨，我只捕到一些昆虫和鸟。正当我感到沮丧时，我的侍从带着一只王极乐鸟标本回来了，弥补了我这些日子的失意。它体型不大，比鸫还要小些。仅从颜色分布和羽毛质感上看，王极乐鸟就已经卓尔不群了。此外，它们胸侧长出的灰色羽毛掩盖在翅膀下面，约 2 英寸，边缘处带有绿宝石色的宽沿。这些羽毛可以随意竖起，当翅膀打开时又像一对扇子一样优雅别致。不过它们的装饰不只如此，尾羽的中间有两根线状的羽毛，约 5 英寸，可以形成优美的弧形。梢部外缘有带金属光泽的绿色羽瓣，向内盘旋，好像扣子一般闪烁。这些装饰在其他鸟类身上都未曾见过，可以说王极乐鸟深得造物爱宠，完美至极，是目前已知的 8000 多种鸟中最独一无二的。我得到了一只王极乐鸟，这次远东之行才算完整。在欧洲，很少有人见过这种鸟的完整鸟皮，时至今日仍然如此，之前我也仅有一副不完整的鸟皮。博物学家们都欣喜于见到实物，毕竟之前关于它的信息都是在绘画、书本或者保存不当的残体上了解的。当终于见到此鸟的美轮美奂时，内心的诗意简直难以言喻。

“在捕到第一只王极乐鸟之后，我们又到林间去找寻，竟然再次捕到了一只同样漂亮的，我得以观察了它们的习性。它们喜欢稀疏的林间低树，性情活泼，飞起来有力，带着呼呼的声响。在树上也不安静，而是来回跳动。它们吃坚硬的核果，时常拍打翅膀，展现美丽的羽扇。阿鲁人叫它们‘Goby-goby’。在阿鲁群岛，王极乐鸟数量很多，所以欧洲很早便有人见过其标本。博物学家也在米苏尔和新几内亚的各处见到过它们。”

莱森说：“我们在途中遇到过两次王极乐鸟，捕到雌雄各一只。看来它们是一夫一妻制，在交配季节都是成双成对出没。它们喜欢栖息在柚木树上。在林间大树叶的掩映下，雄鸟焰红的羽毛并不易被发现。雌鸟的羽色朴素，很不起眼。小果子是它们的食物。虹膜褐色，脚蓝色。当地人称它们为‘saya’。”

雄鸟头、喉、胸、羽翼和整个上体深红色，质感很像玻璃纤维。前额的羽毛延长至喙，盖住鼻孔。每只眼睛上方都有深绿色小斑点。胸部的颜色比上体更深，下部边缘金红色。胸部下方有一条绿色斑纹。翅膀下方伸出长长的羽毛，如羽扇一般可以打开，深灰色，边缘绿色，其间被米色隔开。下体其余纯白。尾下覆羽灰色，带紫色光泽。尾部中间有两根羽毛伸出，4 英寸，直到端部才有羽瓣，绿色，向内盘旋，像闪烁的扣子，具有华丽的装饰性。喙是黄色的。脚和跗跖蓝色。

雌鸟的头和整个上体深褐色。次级飞羽外缘红色。下体红米色，上面有深褐色条纹，喉部两侧最深。尾羽颜色比背部浅，羽毛边缘橄榄褐色。喙浅黄色，尖部深褐色。脚和跗跖蓝色。

未成年的雄鸟上体黄褐色。次级飞羽和雌鸟一样，但外侧羽轴是深橙色。喉部米色，有深褐色条纹。整个下体米色，肋部有些深褐色斑纹。

长尾肉垂风鸟

Paradigalla carunculata

命名变迁及文献出处：

ASTRAPIA CARONCULATA, Eydoux et Souleyet, Voy. de la Bonite, p. 83 (1841); Atlas, pl. 4.

PARADIGALLA CARUNCULATA, Bon. Consp. Gen. Av. (1850) p. 414. —Gray, List Gen. Birds (1855), p. 65: Less.

ASTRAPIA CARUNCULATA, Gray, Hand-l. Birds (1870), pt. ii. p. 17. —Id. Gen. of Birds, vol. ii. p. 326. sp. 2. —Schleg. Journ. für Ornith. (1861) p. 386. —Von Rosenb. Journ. für Ornith. (1864) p. 131.

PARADIGALLA CARUNCULATA, Lesson, Ois. Parad. (1835) p. 242. —Id. Rev. Zool. (1840) p. 1. —Sclat. Proc. Zool. Soc. (1857) p. 6. —Wall. Proc. Zool. Soc. (1862) p. 160. —Wall. Malay Archip. vol. ii. p. 257.

分布：新几内亚（莱森）

J. Wolf & J. Smit del. et lith.

M & N. Hanhart imp.

PARADIGALLA CARUNCULATA

这种奇特的天堂鸟，很像黑蓝长尾风鸟。它们生活在新几内亚，这里有各种天堂鸟，可谓异彩纷呈，美不胜收。在欧洲人的探险中，埃杜先生和苏乐耶特先生发现了长尾肉垂风鸟，以下会引用二人的记录。由于它们数量稀少，在所有已知的博物馆里仅存两只，一只在法国巴黎，另一只在美国费城。

据以上两位先生说："在长尾风鸟属中，长尾肉垂风鸟生活在新几内亚，也有人叫它'天堂鹊'，莱瑟姆称它为 *Paradisea gularis*，现在大多数鸟类学家称其为 *Astrapia gularis*。其一大特色就是三角形的肉垂，大概可以竖起，如三叶草一般，长在上喙边上，盖住眼端和脸颊。肉垂与面部骨骼连接，延伸至前额两侧，略高出几毫米，有些类似白头麦鸡；另一个肉垂较小，很直，包含下喙的一部分；二者在颌处交会，看似一体。长尾肉垂风鸟的头顶和头两侧有绿色羽毛，喉部饰有绿黑色羽毛。上体羽毛如黑色的天鹅绒一般，杂以金绿色细纹，在特定光线下隐现。下体黑色，带有深褐色阴影。羽翼和尾羽与背部颜色一致。喙黑色。蹠趾我们不清楚，因为手上的标本无脚。画中的脚是想象出来的，灵感取自相近的鸟类。我们只知道它的习性，这种鸟来自新几内亚，是长尾风鸟属。

"目前很难给出确切的测量信息，原因是我们的标本一只没有尾巴，另一只刚刚换羽。初生的羽毛带有羽轴，可以达到 36 至 37 厘米。"

幡羽极乐鸟

Semioptera wallacii

命名变迁及文献出处：

PARADISEA (SEMIOPTERA) WALLACII, G. R. Gray, Proc. Zool. Soc. (1859) p. 130. —Schleg. Mus. Pays-Bas (1867), p. 91. —Id. Journ. für Ornith. (1861) p. 385.

SEMIOPTERA WALLACII, G. R. Gray, Proc. Zool. Soc. (1860) pp. 61, 355. —Gould, Birds of Austr. Suppl. pl. 3. —Gray, Hand-l. Birds (1869),pt. i. p. 105. no. 1276. —Sclat. Ibis (1860), p. 26, pl. 2. —Wall. Ibis (1859), p. 210 (note) ; (1861), p. 212. —Id. Malay Archip. vol. ii. p. 17. —Von Rosenb. Journ. für Ornith. (1864) p. 125.

分布：巴琴岛、哈尔马荷拉（华莱士和伯恩斯坦）

J. Wolf & J. Smit, del. et lith.

M & N. Hanhart imp.

SEMIOPTERA WALLACII.

在名叫巴琴的岛上，华莱士初次发现了这种形态奇特的鸟，并介绍到学界。这种鸟和其他天堂鸟差别很大，所以很难做比较。尽管它们浑身暗淡无华，但胸羽从两侧延长，呈浓绿色，尤其新颖。博物学家历经苦难、失望和焦虑，最终再次发现了新物种，这着实值得欣慰。

华莱士给史蒂文斯的信中写道："1858 年 10 月 29 日，巴琴岛，我已到此五天，据我观察，这里是我所到过的最理想的地方。虽然鸟类稀少，我仍希望收集到一些，毕竟我已找到这个岛上最棒的一种。纵使想要保密，还是忍不住告诉您，我发现了新的天堂鸟！史无前例的全新种类！！非常奇特又非常俊俏！！！真没想到在这里竟存在着这样的鸟类，这简直是重大发现，也使我希望能在济罗罗岛和策拉姆岛等地有更多收获。我不善于绘画，随信附上一副素描便于您想象，希望不会影响您的憧憬。"

华莱士在后期的《马来群岛》一书中这样记录他得到幡羽极乐鸟的过程："我刚一到家，侍从便带着战果归来，他腰上系着几只鸟，看上去很满足，说抓到了奇鸟。我定睛一看，一时茫然。那是一只胸部带有绚烂绿色的鸟儿，而且羽毛很长，使我不解的是它肩部那对白色的长羽毛。侍从保证说他并未动过手脚，刚捕到时便是如此。我开始意识到自己中了大奖，这是一个天堂鸟的新种，极具特色。在济罗罗岛和巴琴地区都有它们的身影，不过济罗罗岛的那些胸盾更长，头部的羽冠是深紫罗兰色，下体有绿色鳞纹。这是摩鹿加群岛唯一的天堂鸟，其余的聚集在巴布亚和澳大利亚北部。”

格雷后来保留了华莱士的手绘，又对其做了命名，名曰“华莱士天堂鸟”，以纪念这位孜孜不倦的探索者的成绩。在给古尔德的信中，华莱士写道：“幡羽极乐鸟喜欢在翠绿的林间生活，尤其喜欢低矮的树木。它们很活泼，到处飞行，或是在枝头雀跃，宛若啄木鸟一般。它们叫声不断，声音介于大极乐鸟和王极乐鸟之间。间歇时，雄鸟会开羽振翅，竖起胸部的长毛，展示其优雅的羽盾。像大多数天堂鸟一样，幡羽极乐鸟雌鸟和幼鸟的数量远远多于成年的雄鸟，说明雄鸟需要两三年才能羽翼丰满。这种鸟主要吃果实，有时也吃昆虫。虹膜深橄榄色，喙牛角色，脚橘色，爪牛角色。目前我找到的幡羽极乐鸟都来自济罗罗岛。它们的冠羽有着深紫罗兰的颜色，胸羽更长。”鉴于其他岛上也有类似的品种，格雷在1860年动物学会发言中提道：“它们应该属于同一物种，只不过略有差异。”对此我深表同意，毕竟这些差异很难当作区分物种的标准。

图中这只缩小了的雄鸟便是来自济罗罗岛的标本，和来自巴琴岛的那只实际大小的画中鸟[①]比起来，区别微不足道。

雄鸟头顶和枕部深紫罗兰色。喙部羽毛长至中部，盖住鼻孔，黄色。背部深褐色。腰部浅褐色。初级飞羽褐白色；次级飞羽浅褐色。每个翅膀处伸出两根白色长羽毛，基部无羽瓣，向端部变宽，可以竖起。喉部上方深褐色，中间有绿色光泽。胸部上方草绿色，每侧的羽毛都能随意起伏。胸部羽盾下的羽毛稍绿，基部米色。其余下体深褐色，腹部有绿色渲染。尾羽浅褐色，羽轴白色。喙牛角色。脚和跗跖肉色。有些地区

① 原著图中的巴琴岛幡羽极乐鸟为其实际大小。——译者注

的幡羽极乐鸟冠羽颜色更深，侧羽更长，胸部下方的颜色更绿，喙部没有覆盖羽毛。这些不同被认为是细微差别，它们仍属于同一物种。

雌鸟前额浅红棕色，头部其余浅紫褐色。上体和羽翼浅褐色，腰部更浅。初级飞羽浅褐色，外层羽瓣和端部白色。次级飞羽浅褐色。整个下体浅褐色，在两颊和喉部接近白色。尾羽浅褐色，羽轴白色。喙牛角色。脚和跗跖肉色。

雄性幼鸟和雌鸟羽色很像，喉部和胸部上方的羽毛变成绿色，看上去是渐变的，而非换羽的结果。肩部长出的两根羽毛很短，几乎是浅褐色，还在变化中。

画中有巴琴岛的雄鸟和雌鸟，还有一只是济罗罗岛的雄鸟。

黑镰嘴风鸟

Epimachus speciosus

命名变迁及文献出处：

UPUPA SPECIOSA, Bodd. Tab. Plan. Enlum. (1783), ♂.

UPUPA STRIATA, Bodd. Tab. Plan. Enlum. (1783), ♀.

LE GRAND PROMÉROPS DE LA NOUVELLE GUINÉE, Sonn. Voy. Nouv. Guin. (1776) p. 163, pl. 101.

LE PROMEROPS BRUN DE LA NOUVELLE GUINÉE, Sonn. Voy. Nouv. Guin. (1776) p. 164, pl. 100.

LE PROMÉROPS À LARGE PARURE, Levaill. Hist. Nat. des Promerop. et des Guêp. pls. 13 & 15.

UPUPA MAGNA, Gmel. Syst. Nat. vol. i. pt. i. (1788) p. 468. sp. 7.

UPUPA PAPUENSIS, Lath. Ind. Ornith. (1790) vol. i. p. 279. sp. 6.

UPUPA SUPERBA, Lath. Ind. Orn. (1790) vol. i. p. 279. sp. 7.

PROMÉROPS DE LA NOUVELLE GUINÉE, Buff. Plan. Enlum. nos. 638, 639, vol. vi.

UPUPA FUSCA, Gmel. Syst. Nat. (1788) vol. i. pt. i. p. 468. sp. 6.

PARADISEA PROMEROPS, Gmel. Syst. Nat. (1788) vol. i. pt. i. p. 467. sp. 3. —Shaw, Gen. Zool. (1811) vol. viii. pt. i. p. 147, *juv*.

PROMEROPS SUPERBUS, Shaw, Gen. Zool. (1811) vol. viii. pt. i. p. 145.

PROMEROPS STRIATA, Shaw, Gen. Zool. (1811) vol. viii. pt. i. p. 144.

FALCINELLUS SUPERBUS, Vieill. Nouv. Dict. d'Hist. Nat. vol. xxviii. p. 166 (1817).

LE PROMÉROPS RAYÉ, Vieill. Ois. dor.

GRAND PROMEROPS, Lath. Syn. vol. ii. p. 695, t. 32.

FALCINELLUS MAGNUS, Vieill. Analyse (1816), p. 47.

GRAND PROMÉROPS À PAREMENS FRISÉS. —Buff. Hist. Nat. des Ois. p 472.

EPIMACHUS MAGNUS, Cuv. Règn. Anim. (1817) p. 407.

EPIMACHUS SUPERBUS, Wagl. Syst. Av. (1827) sp. 1. —Shaw, Gen. Zool. (1826) vol. xiv. p. 77. —Less. Trait. Ornith. (1831) p. 321. sp. 3. Atlas, pl. 73. fig. 1. —Von. Rosenb. Journ. für Ornith. (1864) p. 123.

CINNAMOLEGUS PAPUENSIS. Less. Hist. Nat. des Parad. (1835) pls. 39, 40 ; Syn. p. 32. sp. 4.

EPIMACHUS MAGNUS, Bon. Consp. Gen. Av. (1850) p. 411. sp. 1. —Wall. Proc. Zool. Soc. (1862) p. 160. —Id. Ibis (1861), p. 287. —Schleg Neder. Dierk. vol. i. p. 332. —Wall. Malay Archip. vol. ii. p. 255. —Schleg. Journ. für Ornith. (1861) p. 386.

EPIMACHUS SPECIOSUS, Gray, Gen. of Birds (1845), vol. i. p. 94. sp. 1. —Schleg. Mus. Pays-Bas (1867), p. 94.

EPIMACHUS MAXIMUS, Gray, Hand-l. Birds (1869), pt. i. p. 105. No. 1274. —Id. Proc. Zool. Soc. (1861) p. 433.

分布：新几内亚

J. Wolf. & J. Smit. del. et lith. M & N. Hanhart imp.

EPIMACHUS ELLIOTI.

这种美丽的天堂鸟是以我的名字命名的[1]，沃德在最近的动物学会的汇报中做了描述，他本人的收藏来自东印度。据推断它们来自物种丰富的新几内亚——天堂鸟的老家。

尽管属于镰嘴风鸟，艾略特镰嘴风鸟却相对新颖，在学界被知晓的时间也还不久。和其他同类相比，它们体型略小，只有黑镰嘴风鸟的三分之二，但是羽毛颜色更鲜艳，在阳光下华丽的天鹅绒质感的外衣呈现出紫色和绿色的光泽。侧羽打开，轻轻颤动，极其炫目。宽阔的尾羽像绸缎一般，柔软美丽。当地人去掉了它们的大飞羽和腿，将它们做成标本。尽管如此，沃尔夫仍通过想象绘制了绚烂的版画，忠实地展示了它们的曼妙身姿。雌鸟尚不知晓，但很可能与其他镰嘴风鸟的雌性相似。

以下是相关介绍：

它们的头顶紫水晶色，后枕和颈侧也是如此，在特定光线下有淡绿色光泽。背部、羽翼和尾上覆羽、尾羽都是紫罗兰色。羽翼和尾羽带有深紫水晶色渲染，如丝绸一般，在光线下变幻。喉部和胸部上方褐红色，带紫色光泽。胸部下方，有一条狭窄的紫红色斑纹。胸侧、肋部和其余

---

① 目前，人们先后共发现三个艾略特镰嘴风鸟的标本，且没有确切的分布信息。有学者认为，该鸟是黑镰嘴风鸟和黑蓝长尾风鸟的杂交个体，并不是一个有效种。但也有学者认为，该鸟是一个有效种，只不过数量稀少，甚至已经灭绝。——译者注

下体深绿色。肋部羽毛延长，伸向羽翼。肩膀下面有两排羽毛，基部绿色，渐变成深紫色，最后成为蓝色，下排更宽。整只鸟在普通光线下好似黑色，羽毛质感像天鹅绒。喙黑色，嘴角橙黄色。

黑嘴镰嘴风鸟

Drepanornis albertisi

命名变迁及文献出处：

DREPANORNIS ALBERTISI, Sclater, Proc. Zool. Soc. (1873) p. 558.

分布： 新几内亚的阿法克山区（阿尔贝提斯）

J. Wolf & J. Smit. del. et lith. M. & N. Hanhart. imp.

DREPANORNIS ALBERTISI.

阿尔贝提斯阁下捕到的最有趣的天堂鸟当属黑嘴镰嘴风鸟了，在新几内亚停留期间，他共捕到雌雄两只，后来被斯克莱特博士收藏，最近被公布到伦敦学界。这种鸟的最大特色就是弯曲的喙，尤其是雌鸟的喙更长更弯。雄鸟看上去很平凡，但身侧长出两簇饰羽，可以打开竖起，魅力非凡。红色的小簇羽毛在阳光下犹如火焰，边缘羽毛紫色，更显高雅。

阿尔贝提斯描述如下："从内部和外部特征上看，这很可能是一个新种，极为罕见。许多当地人都不认识这种鸟，但也有人叫它'quarna'。它们的一大特色是喙和头的形状以及羽毛的柔软。初看上去其貌不扬，但仔细观察会发现，强光下它们的羽毛很亮丽，喙基部的羽毛是绿色加红铜色的，胸部羽毛平滑时呈紫罗兰灰，竖起时有金色光辉。肋部的羽毛也是紫罗兰灰，边缘有紫罗兰色渲染。当羽毛打开，好似有两个半圆环绕身体，十分俊俏。这种鸟在阿法克山脉附近生活，其食物未知，标本中也只找到了胃中的一些水。"

雄鸟头部羽毛短而硬，浅褐色，梢部深紫色。眼和喙之间有两个蓝色斑点，形状有如牛角。眼后有一块裸露的红色皮肤，颈部和后背红棕色。初级飞羽黑褐色，边缘红褐色。次级飞羽外层羽瓣浅红褐色，内层羽瓣黑色，边缘浅红褐色。内侧的三根次级飞羽羽瓣浅红褐色。尾上覆羽和尾羽亮红褐色。颏部和喉部深紫色，在特定光线下呈黑色。胸部覆盖长羽毛，黑色，带紫色光泽，下面的边缘呈深绿色，形成一道窄窄的斑纹。从肩羽处长出两簇羽毛，超过胸盾，火红色，端部紫色。这些羽毛不竖起时藏在外层羽毛下。肋部也长出两簇长羽毛，直至尾下覆羽，颜色和胸部一样，褐灰色，每根羽毛端部都是深紫色。腹部和尾下覆羽纯白色，前者上方带有紫灰色条纹。喙很长，细而弯曲，黑色。脚和跗跖深铅黑色。

雌鸟头部栗棕色，背部和羽翼红褐色。初级和次级飞羽内侧羽瓣黑褐色，外侧羽瓣褐色。尾上覆羽和尾羽浅红色。颏部和喉部黑褐色，每根羽毛中间都有浅褐色纹路。胸部浅褐色，有不规则深褐色条纹。肋部和下体黄褐色，带有深褐色斑纹。腹部中间浅红白色。大腿红色，有褐色斑纹。尾下覆羽浅红色。虹膜栗色。喙长而弯且细，和雄鸟一样，黑色。脚和跗跖铅黑色。

十二线极乐鸟

Seleucides alba

命名变迁及文献出处：

PARADISEA ALBA, Gmel. Syst. Nat. (1788) vol. i. pt. i. p. 402. —Lath. Ind. Orn. (1790) vol. ii. p. 195. sp. 112. —Blumenb. Abbild. naturh. Gegen. (1810) pl. 96. —Bechst. Kurze Uebers. (1811) p. 133. sp. 15. —Schleg. Journ. für Ornith. (1861) p. 386.

TWELVE-WIRED PARADISE-BIRD, Lath. Gen. Hist. Birds (1822), vol. iii. p. 199, pl. 48.

PARADISEA VIOLACEA, Bechst. Kurze Uebers. (1811) p. 133. sp. 12.

PARADISEA CANDIDA, Forst. Zool. Ind. p. 35.

PARADISEA VAILLANTI, Shaw, Nat, Misc. vol. xxiv. pl. 1025.

PARADISEA NIGRA, Shaw, Gen. Zool. (1809) vol. vii. pt. ii. p. 488, pl. 60.

PARADISEA NIGRICANS, Shaw, Gen. Zool. (1809) vol. vii. pt. ii. p. 489, and (1826) vol. xiv. p. 76.

LE NÉBULEUX, Levaill. Hist. Nat. des Ois. Parad. vol. i. pls. 16 & 17. —Shaw, Gen. Zool. (1809) vol. vii. pt. ii. p. 491, pl. 61.

LE PROMEROPS MULTIFIL, Levaill. Hist. des Prom. et des Guép. t. 17.

LE PROMEROPS À DOUZE FILETS, Vieill. Gal. des Ois. t. 185.

FALCINELLUS RESPLENDENS, Less. Trait. Orn. (1831) p. 324. sp. l. —Vieill. Ois. dor. p. 65.

SELEUCIDES ACANTHYLIS, Less. Hist. Nat. des Parad. t. 36, 37, 38; Syn. p. 29. sp. 3.

LE MANUCODE À DOUZE FILETS, Vieill. Ois. dor. vol. ii. (1802) p. 29, t. 13.

EPIMACHUS ALBUS, Wagl. Syst. Av. (1827) sp. 9. —G. R. Gray, Gen. of Birds (1845), vol. i. p. 94. sp. 2 —Id. Hand-l. Birds (1869), pt. i. p. 105. no. 1275. —Id. Proc. Zool. Soc. (1861) p. 433. —Schleg. Mus. Pays-Bas (1867), p. 95. —Wall. Proc. Zool. Soc. (1862) p. 160.

WHITE-WINGED PARADISE-BIRD, Lath. Gen. Hist. vol. iii. (1822) p. 197. sp. 15.

SELEUCIDES ALBA, Bon. Consp. Gen. Av. (1850) p. 412. sp. 1. —Wall. Malay Archip. vol. ii. p. 253.

SELEUCIDES RESPLENDENS, Von. Rosenb. Journ. für Ornith. (1864) p. 123.

分布：新几内亚、萨尔瓦蒂（华莱士、施莱格尔）

J. Wolf & J. Smit del. et lith.

M & N Hanhart imp.

SELEUCIDES ALBA

十二线极乐鸟属于天堂鸟中长喙的一种，以其肋部长出的十二根线形长羽著名，这些羽毛从后弯曲，朝向头部。这种鸟色彩对比强烈，头部和胸部浓郁的紫黑色与下体的白色由一条金属绿色斑纹区分开。除了新几内亚，萨尔瓦蒂也是它们的家园，不过并不常见。我们的标本中大多是幼鸟和雌鸟，且鸟皮不完整，像往常那样，由一个木棍穿起身体，直到鸟嘴。华莱士和他的侍从捕获过此鸟，他们的标本是目前英国的标本中最精致的，从中可以想象，它们的真实面貌一定很绚丽。

华莱士在著作中描述："十二线极乐鸟在萨尔瓦蒂被发现，新几内亚西北部也有。它们喜欢开花的树木，尤其是西谷椰子树和露兜树，可以在上面吸食花蜜，并且便于落脚。它们动作敏捷，很少在一棵树上长久停留，而是来回飞翔，迅速而轻盈。十二线极乐鸟叫声很大，很远就能听见，每次连叫五六声，声音逐渐降低，并顺势飞走。雄鸟喜欢独处，偶尔群聚。

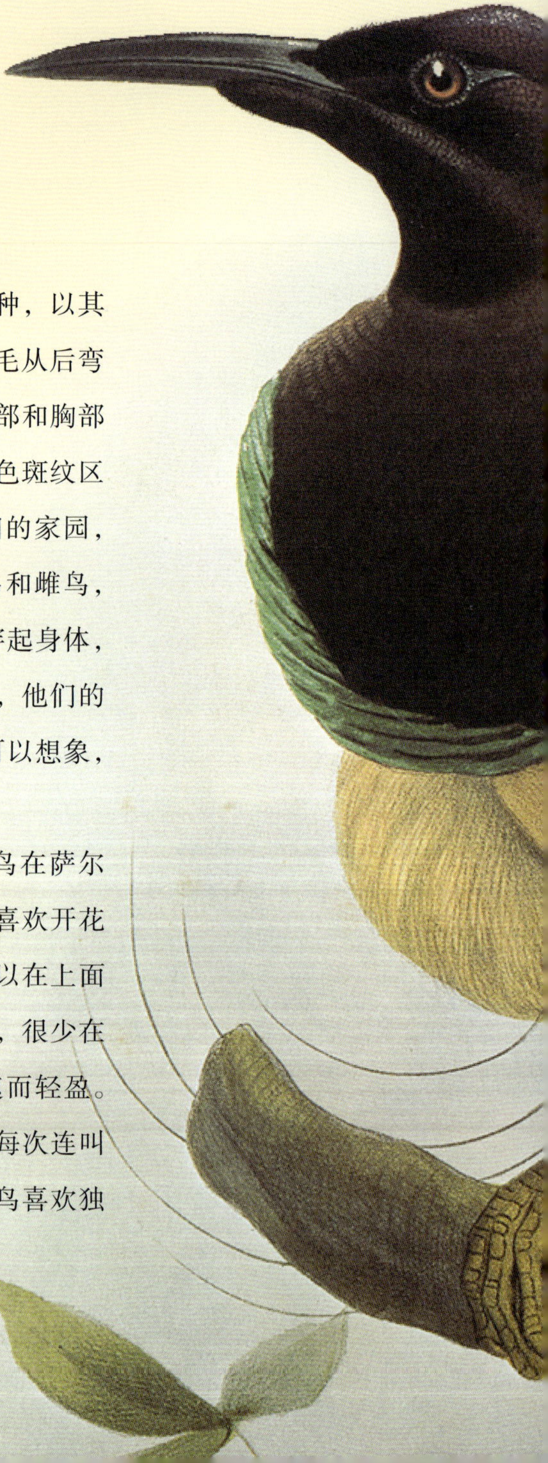

“艾伦是我的助手，我们找到的十二线极乐鸟都是他亲自击中剥制的。在它们的胃中，我们只发现了褐色甜味的液体，那很可能就是花蜜。当然，它们也吃果实和昆虫，我曾在一艘荷兰船上见过一只十二线极乐鸟吃蟑螂和番木瓜。这只鸟的一个奇怪的习惯是每天中午都会将喙垂直朝上休息。在前往印尼首都的路上，它死去了。我保护了它的尸体，将它做成了标本。它的舌长且有弹性，端部平坦，是标准天堂鸟的特征。在萨尔瓦蒂岛，当地人通过寻觅地上的鸟粪来辨别它们的栖息地——通常是低矮茂密的树木。夜间，他们爬上树，用钝箭击中鸟儿，再用布包裹。在新几内亚，当地人在它们常去的树上安上网来捕猎。”

雄鸟的头、颈和喉都是天鹅绒般的黑色，在特定光线下变成美丽的紫色。背部橄榄绿色。初级飞羽紫黑色。次级飞羽金属感紫色。胸部上方深黑色，羽毛很长，下方有一圈绿色的羽毛。肋部长出的羽毛长而弯曲，每侧六根，上黑下白。尾羽和次级飞羽一样呈紫色。喙长，黑色。脚和跗跖红色。

雌鸟的头和颈后部是天鹅绒般的黑色。整个上体、羽翼和尾羽深栗色。初级和次级飞羽内层羽瓣紫褐色，外层羽瓣红棕色。颏部米白色。整个下体米白色，有深褐色斑纹。喙黑色。脚和跗跖肉色。

丽色掩鼻风鸟

Ptiloris magnificus

命名变迁及文献出处：

L'EPIMAQUE PROMÉFIL, Cuv. Règn. Anim. (1817) p. 408.

FALCINELLUS MAGNIFICUS, Vieill. Nouv. Dict. d'Hist. Nat. (1819) tom. xxviii. p. 167, pl. G. 80, No. 3. —Id. Encycl. Méth. t. ii. p. 579.

LE PROMÉFIL, Levaill. Ois. de Parad. p. 36, pl. 16. —Less. Mus. Zool. pl. 29.

EPIMACHUS MAGNIFICUS, Cuv. Règn. Anim. (1819) p. 440. —Wagl. Syst. Av. (1827) sp. 10. —Gray, Proc. Zool. Soc. (1859) p. 155. sp. 18. —Less. Trait. Ornith. (1831) p. 321. sp. 2. —Id. Cent. Zool. (1830) pl. 4, p. 22 (♀), pl. 5 (♂). —Bon. Consp. Gen. Av. (1850) p. 412. sp. 3. —Schleg. Mus. Pays-Bas (1867), p. 96. —Id. Journ. für Ornith. (1861) p. 386. —Less. Ois. Parad. (1835), Syn. p. 27; Hist. Nat. p. 218, pls. 32, 33, & 34.

EPIMACHUS PARADISEUS, Gray, Gen. of Birds (1845), vol. i. pl. xxxii.

EPIMACHUS SPLENDIDUS, Steph. Shaw's Gen. Zool. vol. xiv. p. 77 (1826).

CRASPEDOPHORA MAGNIFICA, Gray, List Gen. of Birds, 2nd ed. p. 15. —Wall. Proc. Zool. Soc. (1862) p. 160. —Von Rosenb. Journ. für Ornith. (1864) p. 128.

PTILORNIS MAGNIFICUS, Gray, Hand-l. Birds, pt. i. p. 105. sp. 1273.

PTILORIS MAGNIFICUS, Elliot, Proc. Zool. Soc. (1871) p. 583.

分布： 新几内亚

J. Wolf & J. Smit del. et lith.

M & N. Hanhart imp.

PTILORIS MAGNIFICUS

在 1871 年的《动物学会学报》中，我曾阐释了这种鸟和 *P. alberti* 的区别。首先丽色掩鼻风鸟体型更大，雌性背部的红褐色带有黑色的斑纹，而该亚种的背部是浅褐色，带有黑色的淡淡斑纹。我认为丽色掩鼻风鸟是新几内亚的特有种，莱森曾在此找到过。据他描述："在新几内亚停留期间，我们只获得两副残缺鸟皮，此行的指挥官找到一副没有翅膀和脚的鸟皮，是当地人自行制作的标本。这种鸟住在茂密的森林里。"古尔德错认此鸟为 *P. alberti*，后者分布更广泛，在澳大利亚部分地区数量庞大。最近终于有人捕获了完整的丽色掩鼻风鸟，我的收藏里便有雌雄各阶段的标本。已故的格雷在其发表的论文中提到这种鸟即将灭绝，这是错误的。他很可能没有意识到丽色掩鼻风鸟不同发育阶段的样子差异很大，雌鸟的差别尤其明显，但我仍认为它们其实是同一种类。

雄鸟头顶、枕部、喉中部和胸部上方蓝绿色，在特定光线下呈紫色。整个上体深黑色，天鹅绒一般，带有深紫色光泽。初级飞羽黑色，有绿色光泽。胸部下方有一红绿色条纹。肋部和腹部紫色，侧羽也是紫色，丝状。中间两根尾羽亮绿色，其余黑色，外侧羽瓣有绿色渲染。喙、腿和脚黑色。

雌鸟整个上体、羽翼和尾羽褐红色。眼睑上白色，梢部带黑褐色。脸颊和下喙处有一条黑褐色条纹。整个下体带有黑色细纹。喙和脚黑色。

原图为雌雄及幼鸟各一只。

丽色掩鼻风鸟的 *alberti* 亚种

Ptiloris alberti

命名变迁及文献出处：

PTILORIS MAGNIFICUS, Gould, Birds of Austr. Supp. pl.

CRASPEDOPHORA MAGNIFICA, Gould, Handb. to Birds of Australia, vol. i. p. 595. sp. 365.

PTILORIS ALBERTI, Elliot, Proc. Zool. Soc. (1871) p. 583.

分布：澳大利亚东北部的约克角（麦吉利夫雷、古尔德）

J. Wolf & J. Smit del. et lith.

M&N Hanhart imp.

PTILORIS ALBERTI

这是一种澳大利亚土生土长的天堂鸟，在某些地方数量很多，尤其是约克角附近，从那里送往英国的大量标本都相当完好。古尔德提道："麦吉利夫雷和其他一些专家的考证，使我再次确信这种鸟在澳大利亚的东北部也存在着，那里生态极具多样性，是鸟类的天堂。我们的博物馆中有幸得到了它们完好的标本，其中很多都是从约克角得来的。"

麦吉利夫雷掌握着所有该亚种的知识，据说这种鸟聚集在约克角茂密的丛林里，当地人叫它们"Yahonga"。它们的叫声非常奇特，人类一旦模仿，雄鸟便会回应；鸣声好似哨子，重复三次，最后发出呼呼声；雌雄一致，雄鸟声音更大。年长的雄鸟习惯在最高的树枝上停留，若是不被打扰，两到五分钟便会发出两三次鸣叫。如果雌鸟在附近，雄鸟便会找一个枯枝，在上面蹲伏，它们开合羽翼，发出沙沙的声响，四下安静时，很远处就能听到。通过来回移动干燥的鸟皮还能依稀模仿出这种声音。羽毛成熟的雄鸟比雌鸟和幼鸟都要害羞。我向当地人询问得知，这种鸟是在树洞中筑巢的，据说它们的卵是白色的。在解剖的一只捕获于 11 月的雌鸟身体中，我们也发现了一枚发育完整的卵。

"由于生性怕人，丽色掩鼻风鸟的 *alberti* 亚种在林间很难被发现。一次我发现一只雌鸟正在树干上像旋木雀一样移动，后经解剖发现，它的腹中全是昆虫，主要是蚂蚁。而一同捕到的另一只雄鸟的胃中只找到一些小圆浆果，名字我不知道。”

雄鸟比丽色掩鼻风鸟体型要小，头顶、枕部、喉部中央和胸部上方呈金属蓝绿色。头侧、颈部和上体像黑色的天鹅绒，带紫色光泽。初级飞羽绿黑色。胸盾下方有橄榄绿色斑纹。下体其余部分深橄榄绿色，从肋部基部开始渐变成浅紫色。尾下覆羽黑色。两只中间尾羽金属绿色，其余黑色，外侧羽瓣上带有绿色渲染。喙和脚修长，黑色。

雄性幼鸟羽毛还在变化，很像是雌鸟。头前部和上部深绿色，有成年雄鸟的痕迹。初级飞羽的内侧羽瓣深紫色，外侧羽瓣棕红色。次级飞羽深紫色。颏部深紫色，中间有些绿色的羽毛。下体白色，有浓密的黑褐色斑点。胸部上方羽毛有些变成绿色。尾羽红棕色。喙、脚和跗跖黑色。

雌鸟整个上体浅橄榄棕色。羽翼和尾羽外侧边缘红棕色。从喙穿过眼睛到颈喉部有一道宽宽的黑褐色斑纹。眼上方的细纹和喉部白色。下喙基部沿喉部有窄窄的黑褐色纹路。下体白色，上面有稀疏的斑纹。喙和脚黑色。

大掩鼻风鸟

Ptiloris paradiseus

命名变迁及文献出处：

PTILORIS PARADISEUS, Swain. Zool. Journ. vol. i. p. 481. —Gray, Gen. Birds, vol. i. p. 94. —Cab. Mus. Hein. Theil i. p. 214. —Reich. Hand. der spec. Orn. p. 328. —Gould, Birds of Austr. vol. iv. pl. 100. —Id. Hand-book of Birds Austr. vol. i. p. 591. —Gray, Hand-list of Birds,part i. p. 105. sp. 1271. —Elliot, Proc. Zool. Soc. (1871) p. 582. —Bonap. Consp. Gen. Av. (1850) p. 412. sp. 1. —Less. Ois. Parad. (1835) Syn. p. 25. sp. 1. —Id. Hist. Nat. p. 213, pls. 29 & 30.

EPIMACHUS BRISBANI, Wils. Ill. of Zool. pl. 9. —Less. Man. Ornith. t. ii. p. 6, 320.

EPIMACHUS REGIUS, Less. Zool. Voy. Coquille, pl. 28. —Id. Cent. Zool. pl. 3.

EPIMACHUS PARADISEUS, Schleg. Mus. Pays-Bas (1867), p. 97. —Id. Journ. für Ornith. (1861) p. 386.

分布：澳大利亚东南部（古尔德）

J. Wolf. & J. Smit del. et lith. M & N Hanhart imp.

PTILORIS PARADISEUS

这种掩鼻风鸟以柔软如天鹅绒般的羽毛、漂亮的胸盾和两根中间尾羽而著名，其绚丽无法复制。它们生活在澳大利亚东南部，而小掩鼻风鸟则在约克角附近。它们的喙部修长，习性很像旋木雀，比如喜欢在树干上跑动等。

古尔德描述："这种鸟生活在澳大利亚东南部的丛林中，范围很有限，汉特河与莫瑞顿湾成为其自然边界。一些在野外见过它们的人告诉我，这些鸟喜欢在树干上攀爬，但我一直没法确定这些说法。不过，经过检查它们的身体构造，我确信这些人说的是真的。由于身体短小，翅膀不全，它们的飞行能力很弱，所以很难在不同林区往返。长久以来送到欧洲的数量庞大的标本，都是来自此地。"

斯特兰奇在寄给古尔德的信中对此有所记录，这段话发表在《澳大利亚鸟类手册》中："这种鸟主要生活在山脉和溪水边高大的杉树林中，11 月和 12 月是交配的季节，雄鸟很容易被找到。阳光照耀的树枝上，它们聚集在一起，大清早便来回飞行，舒展羽毛，发出鸣唱。它们的声音很特别，当地人能够迅速辨别。飞行时，它们制造出一阵听起来像'Yass'的吵闹声，犹如一片新丝绸在抖动。10 点以后，它们开始下降，钻到杉树的茂密树枝里，间或鸣叫。由于隐藏幽深，不易找到，需要耐心观望，一会儿便能看见它们打开翅膀，头四处摇晃。"

韦罗为我寄来了大掩鼻风鸟的记录："斯温森将这种鸟介绍到学界，莱森和古尔德为其画出精致的肖像，并记载了其习性。我在澳大利亚停留期间特地做了观察。体型上大掩鼻风鸟比旋木雀要大，但的确很像，人们很容易将二者混淆。它们和旋木雀一样喜欢在树干上爬行，尽管它们喜食昆虫，在一年中的一些季节也会到幽深的丛林里找各种种子吃，尤其是攀缘植物的。它们有刺的舌头和长长的喙似乎不大适合取食种子，但我推测它们可能只取食那些被虫子破坏了的种子。据我观察，大掩鼻风鸟几乎不栖枝，而是到处寻找昆虫及昆虫的幼虫，我曾对其进行过解剖，发现它们的食物里有苍蝇和蝉等。有推测认为，大掩鼻风鸟类似于旋木雀，不需要尾巴支撑身体，但仅仅通过检查跗跖和爪无法验证该推测。我还注意到它们很少两只以上同时出现，上下树干的样子像极了旋木雀。和其他天堂鸟一样，大掩鼻风鸟的幼鸟和雌鸟外形相似，独立生活，不换羽，逐年变色。我所见过的幼鸟都喜欢在树干里过夜。有关卵的数量与颜色尚不知晓，当地农夫告诉我它是纯白色的，大小与鸽子蛋差不多。"

雄鸟的头顶和头后部浅绿色，喉部有一个大的金字塔形块斑，同色。颈部、背部和胸部上方深紫色。次级飞羽黑色，天鹅绒一般，有紫色光泽。初级飞羽黑色。肋部、胸部以下和腹部深绿色。中间的两根羽毛是非常明亮的金属绿色。其余羽毛是黑褐色，外层羽瓣有紫色光泽。喙、脚和腿黑色。

雄性幼鸟头上和颈部深褐色，羽箭白色。眼睛上方的斑纹白色，延伸到颈背。背部和羽翼深橄榄褐色。初级飞羽深橄榄褐色，外层羽瓣红棕色，其余变成深紫色。次级飞羽有部分紫色，有部分深橄榄褐色。喉部与颈侧白色，有些端部深紫色。下体基本为米色，也有一个深褐色块斑。中间不少羽毛已经变成深紫色和绿色，比较混杂。尾羽浅褐色。喙、脚和跗跖黑色。

雌鸟头部上方深褐色，每根羽毛中间都有深米色线条。眼上有斑纹，延伸到枕部，黄白色。上体橄榄褐色。初级飞羽深褐色，羽瓣红棕色。尾羽和初级飞羽一样，但边缘没那么浅。整个下体浅米色，每根羽毛上都有不规则的黑色 V 形纹路。喙、脚和腿为黑色。

小掩鼻风鸟

Ptiloris victoriae

命名变迁及文献出处：

PTILORIS VICTORIÆ, Gould, Proc. Zool. Soc. (1849) p. 111, pl. 12. —Id. Birds of Austr. Suppl. pl. —Id. Hand-b. Birds Austr. vol. i. p. 593. —Reich. Hand. der spec. Orn. p. 329.

PTILORNIS VICTORIÆ, Gray, Hand-l. Birds, pt. i. (1869) p. 105, sp. 1272. —Elliot, Proc. Zool. Soc. (1871) p. 582. —Bon. Consp. Gen. Av. (1850) p. 412. sp. 2. —Von Rosenb. Journ. für Ornith. (1864) p. 123.

分布：巴纳德群岛、澳大利亚东北海岸（麦吉利夫雷）

J. Wolf. & J. Smit. del. et lith.

M & N. Hanhart imp.

PTILORIS VICTORIÆ

1849年，古尔德曾描述过这种鸟，它们和大掩鼻风鸟极其相像，但喙明显更小一些，胸部纹路稍有区别。据古尔德引述：“此鸟在澳大利亚东北岸生存，尤其是罗金厄姆湾附近。在巴纳德群岛的一个丛林密布的小岛上，生活着大量的小掩鼻风鸟。雌鸟与幼鸟是最常见的，但它们很害羞。人类如果安静地坐下来观察，不一会儿便能见到它们跳上树枝行走，时而用嘴啄食昆虫，然后突然飞走。有时我能看到它们躲在枝丫背后窥探我，只露出头和颈。6月，年幼的雄鸟变得好斗，一次我遇到三只鸟正在打架，此时正是捕猎的好机会。成年雄鸟相对少见，它们往往独行而害羞。我从未见过它们站在树上，只是在茂密的灌木丛和攀缘植物中发现过它们。一旦发现人迹，它们便迅速躲进附近林间。我从未听过它们鸣叫，它们与众不同的羽色风格使我相信它们是一个新物种。”

雄鸟与大掩鼻风鸟羽毛相似，体型要小一些。胸部上方的紫色是最明显的差异，在后部和下方之间形成带状斑纹。喙比大掩鼻风鸟的小，脚与腿黑色。

雌鸟和大掩鼻风鸟几乎一样，也是体型更小。头上方深褐色，杂有黑褐色条纹。眼上方的细纹和喉部为米色。上体灰褐色，橄榄色渲染。下体深米色，羽毛端部有褐色斑点。肋部有不规则条纹。喙和脚黑色。

黄头辉亭鸟

Sericulus melinus

命名变迁及文献出处:

YELLOW-BELLIED THRUSH, Lath. Gen. Syn. Supp. (1801) vol. ii. p. 187. sp. 31.

TURDUS MELINUS, Lath. Gen. Syn. Supp. (1801) p. xliv.

GOLDEN-CROWNED HONEY-EATER, Lath. Gen. Hist. vol. iv. p. 184 (1822).

SERICULUS REGENS, Less. Zool. de la Coquil. (1826), Atlas, pl. 20, ♀. —Id. Man. d'Orn. torn. i. p. 256. —Id. Ois. Parad. (1835), Syn. p. 21; Hist. Nat. p. 204, pls. 26 & 27. —Id. Trait. Ornith. (1831) t. ii. p. 340.

MELIPHAGA CHRYSOCEPHALA, Lewin, Birds New Holl. (1828) pl. 1.

SERICULUS MAGNIROSTRIS, Gould, Proc. Zool. Soc. (1837) p. 145.

ARIOLUS REGENS, Temm. Plan. Color. (1828) vol. ii. pl. 320. —Quoy et Gaim. Voy. de l'Uranie (1824), Atlas, pl. 22. —Cuv. Règn. Anim. (18) t. i. p. 380.

SERICULUS CHRYSOCEPHALUS, Swains. Zool. Journ. (1825) vol. i. p. 478. —Vig. & Horsf. Trans. Linn. Soc. vol. xv. p. 326. —Jard. & Selby, Illus. Ornith. vol. i. pls. 18, 19, 20. —Swains. Class. Birds (1837), vol. ii. p. 238. —Less. Trait. Ornith. (1831) p. 340. —Shaw, Gen. Zool. vol. xiv. p. 266. —Gould, Birds of Austr. vol. iv. pl. —Gray, Gen. Birds, vol. i. p. 233. —Id. List Gen. Birds, 2nd ed. p. 38. —Gould. Hand-b. Birds Austr. vol. i. p. 456 (1865).

SERICULUS MELINUS, Schleg. Mus. Pays-Bas (1867), p. 99. —Gray, Hand-l. Birds (1869), pt. i. p. 293. sp. 4333. —Ramsay, Ibis (1866), pp. 325 & 330, (1867) pp. 415 & 456. —Newton, Ibis (1870), p. 119.

分布: 澳大利亚东部（古尔德）

J. Wolf & J. Smit. del. et lith.

M. & N. Hanhart imp.

SERICULUS MELINUS

澳大利亚鸟类中，最绚丽的要属黄头辉亭鸟，天鹅绒般的黑色羽毛和金黄色羽毛交相辉映，引人注目。它们生活在澳大利亚东部。不同于其他天堂鸟，它们易于观察，我们非常了解它们的习性与数量。这种鸟的头部有密实的短羽毛，质硬。这些羽毛通常竖立着，在天堂鸟中很常见。在习性上，黄头辉亭鸟很像缎蓝园丁鸟，会建小亭子，在下面表演一些略显滑稽的动作。在此我把实地观察过此鸟的人的描述一一呈现。

古尔德曾在《澳大利亚的鸟类》中描述："这种美丽的鸟儿属于澳大利亚，我相信它们聚集在东部。有人在悉尼附近见过此鸟，那里应该是它分布区的西南边界了。在梅特兰的丛林中，我遇到过这些鸟和其他园丁鸟在同一棵树上取食，它们在麦夸里港附近有很大的种群分布。在伊拉瓦拉，我试图寻找它们，却被告知那里从未出现过这种鸟，尽管这个地区和其分布区的生境相似，而且只差两个经度。这很奇怪，因为该地与黄头辉亭鸟大量存在的地区相比并无差别。而在汉特河口，我捕猎到一些，并在附近的岛屿上见到了不少，那里有一个精致的花园，有很多鸟到此觅食。

"尽管我提到黄头辉亭鸟数量庞大、分布广泛，但成年的雄鸟却非常罕见，成年雄鸟身上的羽毛至少有15种颜色。一旦发育完全，金黄与黑天鹅绒两种颜色就会变得璀璨夺目，它们也会变得害羞起来，犹如自知靓丽，故意遮掩自己，以求安全。此时的它们变得安静，经常栖居在树木的最高处。不过每当两只雄鸟相遇，便会产生争斗。想要捕到完整的雄鸟，需格外小心。另一方面，雌鸟与幼鸟相对亲和，常在矮树枝上啄食果子。

“我未能成功找到鸟巢，但斯特兰奇说，它们的鸟巢是用木棍粗粗搭成的，此外没有其他材料。他写道：‘11月4日，我看到了一个鸟巢，由于次日即将前往里士满，所以叮嘱半月后再来取，并请人看好。一个月后我回来，发现巢仍在原地，就让当地人上树去取。他们拿给我的鸟巢里面竟有两只雏鸟，而且已长满绒羽。因为这两只鸟恰好将巢填满，加上很多其他相似的例子，我推断它们每次产卵两枚。捉到幼鸟后，我又成功捕到了雌鸟。过了两天，雌鸟开始认可新的生活，主动喂食幼鸟并清理鸟巢。如果能得到一枚卵，我将会万分感激。’考克森阁下在1864年《昆士兰哲学学会学报》上揭示了一项黄头辉亭鸟的新知识，据他告知，这种鸟虽然已在学界被知晓数年，但关于其习性的信息很少，它们与缎蓝园丁鸟和斑大亭鸟有着很像的奇怪行为。沃勒对我说，有一次他在布里斯班河边的丛林中捕猎，曾亲眼见过一只雄鸟在地上玩耍，它上下跳跃，时而梳理羽毛，时而古怪地打滚。这很奇妙，因为之前他从未见过这种鸟在地上活动。这块地长满小灌木。他不想错过机会，开了枪，却将鸟儿打伤。他四下寻找时，发现了一个灌木植物搭建的小亭，在小灌木的掩映下很隐蔽，他不得不手脚着地爬行靠近。此时雌鸟从高树上飞下，发出奇怪的鸣声，停在小亭上方的树枝上，明显在试图接近，却被沃勒吓得望而却步。它并未放弃在四周盘旋，呼唤它的伴侣。沃勒相信，雄鸟受伤后一定是远离小亭死在别处了。两天后，他在一片开阔的丛林中发现了雄鸟的尸体。数日以后，他重返此地，仍能听到雌鸟的悲鸣。沃勒急切地想为我展示这个小亭，却屡次有事耽误，时隔一年我才得空拜访。若不是亲眼所见，我之前一直怀疑他说的是缎蓝园丁鸟，直到目睹小亭的结构与装饰，我才相信。在沃勒的帮助下，我完整地移走了这个建筑。黄头辉亭鸟的小亭的顶不那么圆，两边更直，但更结实，内部很小，绝对无法容下一只成年的雄性缎蓝园丁鸟。它的外部装饰单一。

“冬季，它们喜欢在河边灌木丛中逗留。5月初到9月末，便从南方飞来。浆果、野果和昆虫都是它们的食物来源。我们给养在笼中的鸟儿提供苍蝇、蟑螂和小昆虫，还有香蕉，后者很受欢迎。由于它们胆大好斗，年轻雄鸟尤其如此，有些就会在笼内的争斗中死去。幼鸟与雌鸟颜色很像，要经过几次换羽才长成。”

我的朋友韦罗在澳大利亚停留了很长时间，多次见到过黄头辉亭鸟和其他园丁鸟，他发给了我他的一些记述：“黄头辉亭鸟经常和大量澳大利亚吸蜜鸟待在一起，在那些盛开着富含蔗糖的花朵的大树上有许多的小昆虫，这些昆虫为黄头辉亭鸟提供了大量的食物。它们长而带钩的舌头有助于捕食那些藏在花冠底部的虫子。除了捕食虫子以外，它们也取食种子，据我观察，无花果是它们最喜欢的。它们还喜欢在桉树的花朵中寻找昆虫，取食藤本植物的多肉种子。雌鸟一次繁殖通常能有4—5只后代，这些幼鸟会和它们的父母待到下一个繁殖季节，那时它们的羽毛已经发育成熟，然后它们会离开，不再出现在出生地。在这个时间段，这些上一年出生的雄性幼鸟会充满激情与活力地聚在一起练习搭建凉亭。这种鸟和缎蓝园丁鸟、绿园丁鸟、大亭鸟、斑大亭鸟一样，都会搭建精美的凉亭，正如古尔德在《澳大利亚的鸟类》中所呈现的那样。建造过程中，这些鸟会往返上千次搬运小石头、骨头、贝壳、树枝以及各种各样的羽毛来装饰自己的小亭子。繁殖期，雄鸟哀怨的叫声‘pihau-pihau’会变为轻柔的‘prit-prit, prio-prio’,雌鸟的叫声则难以听到。它们的巢在树上，大约离地面 7—8 英尺高，巢由苔藓、藤本植物的树皮以及树叶和羽毛组成。巢呈杯状，一般有 5 枚卵，卵浅红色，被有砖红色斑点，钝端的斑点排列形成一个规则的圆形。在第一个繁殖季，雌雄双方的羽色都和雌鸟一样，雄鸟在第二个繁殖季才能换上雄性羽毛，但头部的橘红色只有到第三年才能达到最鲜艳的程度。”

雄鸟的头顶、颈部、背部和次级飞羽金黄色，前额有深橙色渲染，次级飞羽顶处黑色。第一和第二飞羽黑色，第三至第六飞羽外缘和尖端黑色，内缘和羽轴基部橘黄色。其余羽毛和尾羽深黑色，天鹅绒一般。喙牛角色，下喙端部褐色。脚和跗跖黑色。

雌鸟前额浅褐色，杂以深褐色斑点。两颊和颈部下方浅褐色，也有斑点。一道宽宽的黑色斑纹将之与后背分开，中间羽毛白色，黑色边沿。其余下体深褐色，羽端有白色斑点，肋部最明显。羽翼橄榄褐色，内侧羽瓣深褐色。颏部和喉部上方白色。胸部、肋部和下体白色，羽毛边沿深褐色，腹部最浅。尾羽浅褐色。喙、脚和跗跖黑色。

缎蓝园丁鸟

Ptilonorhynchus violaceus

命名变迁及文献出处：

PYRRHOCORAX VIOLACEUS, Vieill. Nouv. Dict. d'Hist. Nat. tom. vi. p. 569 (1816). —Id. Ency. Méthod. (1823) p. 896.

PTILONORHYNCHUS HOLOSERICEUS, Kuhl, Beytr. zur Zool. (1820) p. 150. —Wagl. Syst. Av. (1827) sp. 1. —G. R. Gray, Gen. Birds, vol. ii. p. 325. —Gould, Birds of Austr. vol. iv. pl. 10. —Swain. Class. Birds (1827), p. 271. —Gray, List Gen. Birds (1855), p. 65. —Gould, Handb. Birds Austr. (1865) vol. i. p. 442. —Ramsay, Ibis (1866), p. 330. —Sclat. Wolf's Zool. Sketch., 2nd Ser. pl. xxviii.

SATIN GRAKLE, Lath. Gen. Hist. Birds (1822), vol. iii. p. 171.

PTILONORHYNCHUS SQUAMULOSUS, Wagl. Syst. Av. (1827) sp. 2.

KITTA HOLOSERICEA, Temm. Plan. Col. vol. ii. pls. 395, 442. —Less. Trait. d'Orn. (1831) pl. xlvi. fig. l.

PTILONORHYNCHUS M'LEAYI, Vig. & Horsf. Trans. Linn. Soc. vol. xv. p. 263.

PTILORHYNCHUS HOLOSERICEUS, Cab. Mus. Hein. (1850) Theil i. p. 213.

分布：丹森港、新南威尔士（拉姆塞）

J. Wolf & J. Smit del. et lith.

M.&N. Hanhart imp.

PTILORHYNCHUS VIOLACEUS.

亭鸟有建造亭子的卓越本领，在亭子里还会表演一些滑稽的动作，它们因此而得名，也叫园丁鸟。首次揭示其行为的是古尔德，在他关于澳大利亚的鸟类的文章里，他提道：“缎蓝园丁鸟喜欢出没在海岸边浓密的灌木林间，据目前发现，新南威尔士是其边界，往西尚未发现，北岸也没人见过，不过相关地域分布的信息还有赖于进一步考证。

“这是一种留鸟，但也会在某个地方来回活动，可能是由于自然环境的变化，抑或是找到了充足的食物来源。虽然在它们的胃中发现过一小部分昆虫，但从大量解剖证据来看，缎蓝园丁鸟还应算是食果鸟类。它们每天选择特定时段进食，此时我可以蹑手蹑脚地靠近而不被发现。但其他时间这种鸟相当害羞机警，尤其是成年的雄鸟，常栖息在最高树木的顶处，俯视幼鸟与雌鸟的行踪。靠近水边的树木和空地，会更受欢迎。

“悉尼博物馆中陈设的小亭子吸引了我的注意，布里斯班的考克森阁下曾详细介绍过缎蓝园丁鸟。我决心实地考察，分析其数量。在利物浦（澳大利亚境内）地区，我在树林最隐蔽的地方发现了一些空地和小亭，它们掩映在交错的树枝下。这些亭子大小不一，有些比其他的大三分之一。基部是开阔并凸起的平台，由树枝紧实搭起，上面建亭。内部构造精致舒适，枝杈处皆向外伸出。另一大趣处是亭子的装饰，它们极力找来蓝色的鹦鹉羽毛、白色的兽骨、蜗牛的壳，嵌插在树枝中间，把坚硬物放在入口处。总之，遇到任何可寻的材料，它们都不放过。我见过一个亭子上装饰着蓝色的碎布，可能是从当地人废弃的住所中找来的。

“可以断定的是这些小亭并非其住所，而是活动场地。雌鸟与雄鸟在此相会，后者展示自己的羽毛和舞姿。哪怕是被捕后，这一习惯仍然会继续。在动物学会的缎蓝园丁鸟也同样会建造小亭，并且经年装饰，乐此不疲。很遗憾我一直未能找到它们的巢与卵，也没能从当地人或殖民者那里获得任何可靠信息。”

古尔德还发表了一封来自斯特兰奇的信函，里面写道：“我的鸟舍里加入了两只缎蓝园丁鸟，在过去的两个月它们一直在建亭，雌雄合作，后者为主力。有时雄鸟追逐雌鸟，然后走近亭子，叼起一片亮丽的羽毛或是一片大叶子，发出奇怪的鸣响，竖起羽毛，绕亭奔跑。它兴奋得双眼炯炯，翅膀一一打开，直到雌鸟逐渐靠近。它绕其两周后，突然冲刺……二鸟终成眷属。”

鸟类学家一般将其种名定为 *holosericeus*，由库尔 1820 年给出，但它实际上是 *violaceus* 的同物异名，后者由维洛特于 1816 年给出。

雄鸟通体深蓝色，有缎子般的光泽，前额羽毛覆盖喙，盖住鼻孔。初级飞羽和次级飞羽黑褐色，次级飞羽端部蓝色。尾羽黑色，端部蓝色。喙基部蓝色，端部牛角色。脚和跗跖肉色。虹膜深蓝色。

雌鸟整个上体深橄榄绿色。下体浅米色，有绿色渲染。喉部羽毛边缘褐色，下体其余部分有深褐色曲线斑纹，肋部最宽。羽翼和尾羽红褐色。次级飞羽内部羽瓣边缘黄色。喙黑色。脚和腿肉色。

劳氏园丁鸟

Ptilonorhynchus rawnsleyi

命名变迁及文献出处：

SERICULUS RAWNSLEYI, Diggles, Austr. Orn. pl.

PTILONORHYNCHUS RAWNSLEYI, Gould, Birds of Austr. Supp. vol i. pl. —Newton, Ibis, (1868) p. 348, (1870) p. 119.

分布： 布里斯班、澳大利亚（劳恩斯利）

J Wolf & J Smit, del.et.lith

M&N Hanhart imp

PTILONORHYNCHUS RAWNSLEYI

这种鸟看上去很像黄头辉亭鸟和缎蓝园丁鸟杂交的后代[1]，相信有一天我的推断能得到证实。古尔德对此有过记载，其发现者劳恩斯利在给古尔德的信中写道："此鸟被猎杀的环境很奇特。当时成群的缎蓝园丁鸟在我的房前取食，那是在 1867 年 7 月 14 日的布里斯班，我打中了一只黑色雄鸟，又被不远处树枝上停着的一只吸引。我迅速瞄准开枪，打中了它，它掉落时羽毛上黄色的部分吸引了我的注意，我由此断定它是黄头辉亭鸟。当我将它拾起时，我感到非常惊讶！它的虹膜是海绿色的，并不是缎蓝园丁鸟那样的蓝紫色。我将它带到格雷戈里那里，他也说在 1856 年的 10 月份见过这样奇特的鸟种。"

据说这位格雷戈里精通鸟的鸣叫，是一位鸟类学专家。格雷戈里说当时他自己观察过这种鸟，绝对不会认错，他和友人还一起讨论是将其归于缎蓝园丁鸟还是黄头辉亭鸟。当然，这种鸟兼有以上二鸟的特点。考克森认为，杂交个体在自然界中应是不大可能的，尤其是属于两个不同属的鸟类。格雷戈里发现这种鸟时，曾告诉了他的朋友埃尔西，埃尔西一度认为格雷戈里看到的是黄头辉亭鸟。所以众说纷纭，其中不免有些信息是没有依据的，我也怀疑格雷戈里的说法，他所描述的和实际标

① 此处的劳氏园丁鸟确为二者的杂交个体，但野外一直难以见到，直到 2003 年和 2004 年才有人在澳大利亚昆士兰州东南的比茨蒙特拍到杂交个体的照片。——译者注

本还是有出入的。

本书描述的这只是目前唯一的标本，除了羽翼和尾羽上一点黄色的羽毛，看样子很像是缎蓝园丁鸟。

斑大亭鸟

Chlamydodera maculata

命名变迁及文献出处：

CALODERA MACULATA, Gould. Proc. Zool. Soc. (1836) p. 106. —Syn. Birds Austr. part l.

CHLAMYDERA MACULATA, Gould, Birds of Austr. (1837) pt. 1. —Id. Birds Austr. vol. iv. pl. 8. —G. R. Gray, Gen. Birds, vol. ii. p. 325.

CHLAMYDODERA MACULATA, Cab. Mus. Hein. Theil i. p. 212. —Gould, Hand-B. Birds of Austr. (1865) vol. i. p. 450. —Ramsay, Ibis (1866), p. 329.

分布：新南威尔士、澳大利亚东部、莫瑞顿湾（古尔德）

J. Smit. lith. M & N. Hanhart imp.

CHLAMYDODERA MACULATA

在澳大利亚停留期间，古尔德有幸遇见了斑大亭鸟，并将其记录在册，传播给学界与世人。鸟类千姿百态，习性、行为本就各异，但能自己搭建房屋的极其少见。这里引用古尔德的著作，来真实再现这种鸟的生活：“在进入新南威尔士的路上，我发现斑大亭鸟数量很多。由于它们生性怕人，普通的旅行者很难发现。只有了解其习性后，才能适时靠近观察其颜色。它们叫声刺耳，发现危险时就开始鸣叫。一旦被惊动，便飞上高枝，或者远离此地。

“斑大亭鸟的不少行为和缎蓝园丁鸟相似，尤其是建亭子的习惯。我有幸发现了一些小亭子，最好的一个被我带到英国，目前放在大英博物馆。这些亭子形态不一，都建在平地上，四周有灌木掩映。比起缎蓝园丁鸟的凉亭，斑大亭鸟的更长，约 3 英尺。外部由树枝建成，边沿装饰有长长的草。其他装饰品有贝壳、兽骨等。据观察，它们的凉亭常建在离水边有一定距离的地方，来回收集运输这些材料绝对是一项艰巨的工作。一次我悄悄靠近它们，打中了两只雄鸟。

“当地人毫不犹豫地告诉我，斑大亭鸟是在高大的胶树上建巢的。考克森曾在几年前找到过一个斑大亭鸟的巢，杯形，由干树枝、羽毛和草构成。我们对它们的卵还不了解。”

这种鸟后颈上深红色的斑纹有个体差异，古尔德的那只的斑纹就比我见过的一只大一倍。其余羽毛大致相同,因此可以斑纹大小为审美标准。

雄鸟头顶黑褐色，端部有栗色椭圆形斑点。后颈有两片深红色的坚硬的羽毛，下面是深褐色。羽翼深褐色，羽毛边沿有黄色渲染，次级飞羽端部浅米色。上体黑褐色，每根羽毛端部都是红米色。尾羽深褐色，边沿最浅，尖部浅米色。其余下体黄白色。肋部一些羽毛梢部深米色。尾下覆羽尽头浅米色。喙黑色。脚和跗跖黑色。

雌鸟和雄鸟很像，但后颈没有红色斑纹。

大亭鸟

Chlamydodera nuchalis

命名变迁及文献出处：

PTILONORHYNCHUS NUCHALIS, Jard. & Selby, Ill. Orn. vol. ii. pl. 103.

CALODERA NUCHALIS, Gould, Syn. Birds Austr. part i.

CHLAMYDERA NUCHALIS, Gould, Birds of Austr. vol. iv. pl. 9. —G. R. Gray, List of Gen. Birds (1855), p. 65. —Id. Gen. of Birds, vol. ii. p. 325. —Id. Hand-l. Birds, pt. i. (1869) p. 294. sp. 4339. —Homb. et Jacq. Voy. au Pôle Sud (1853), vol. iii. p. 64, Atl. pl. 7. fig. 2.

CHLAMYDODERA NUCHALIS, Cab. Mus. Hein. Theil i. p. 212. —Gould. Hand-b. Birds of Austr. (1865) vol. i. p. 448. —Ramsay, Ibis (1866), p. 329.

分布：澳大利亚西北部（古尔德）

J. Wolf & J. Smit del. et lith.

M & N. Hanhart imp.

CHLAMYDODERA NUCHALIS

贾丁和塞尔比曾在作品中介绍过这种珍稀鸟类，但并未说明它们分布在澳大利亚的哪个地区。与同属相比，大亭鸟与众不同，身上没有斑点。斯托克船长在其著作《发现澳大利亚》中描述道：“这种鸟用树枝建亭，再以贝壳装饰，顶部会聚在一起，宛若小亭。大约 2.5 英尺长，1.5 英尺宽。某日我被邀请同去观赏，我立即断定这与我在维多利亚河边看到的一样，而大亭鸟就在亭周围嬉戏玩耍，衔着贝壳装饰自己的杰作。”

雄鸟头部浅褐色，在特定光线下有银色光辉。枕部长出三角形玫瑰色羽脊，羽毛梢部亮蓝色。羽脊外侧羽毛褐色，梢部米白色。羽翼、背部和尾上覆羽深褐色，羽毛边缘褐白色。尾羽和背部颜色一样，羽毛边缘橄榄褐色，梢部发白。整个下体浅橄榄褐色。尾下覆羽上有些淡淡的褐色斑纹。喙深牛角色。脚和腿黑褐色。

雌鸟和雄鸟很像，但没有后颈的漂亮羽脊。

浅黄胸大亭鸟

Chlamydodera cerviniventris

命名变迁及文献出处：

CHLAMYDERA CERVINIVENTRIS, Gould, Proc. Zool. Soc. (1850) p. 201. —Id. B. of Austr. Supp. vol. i. pl. —G. R. Gray, Hand-l. Birds,pt. i. (1869) p. 294. sp. 4342.

CHLAMYDODERA CERVINIVENTRIS, Gould, Hand-b. Birds Austr. (1865) vol. i. p. 454.

分布：约克角、澳大利亚（麦吉利夫雷）

J. Wolf & J. Smit del et lith.

M&N. Hanhart imp.

CHLAMYDODERA CERVINEIVENTRIS

首次发现这种鸟的是麦吉利夫雷，雄鸟后颈没有任何前面提到的几种鸟的斑纹，这也成为它与其他鸟不同的一大特点。古尔德说：“浅黄胸大亭鸟的凉亭与其他同属鸟类不同，墙壁厚实，向上竖立但不靠拢，所以通道也很狭窄。材料由精选的细枝构成，长约 4 英尺，宽也是，时常用小蜗牛壳或者浆果装饰。”麦吉利夫雷在文章中这样写道：“在我们离开约克角前两日，有人说在海边 1 英里处的灌木丛里发现了亭鸟。我找了很久之后，终于发现了一个刚刚建好的亭子，4 英尺长，18 英寸高，上面盖有新鲜的浆果。亭子建在不足 10 英尺高的蓟草丛边上。

“次日早晨，我与朋友一起带着一块大板子前往。我极力说服他，因为他总是担心当地人会攻击我们。我保证会保护他，并且带上了枪支，这使他安了些心，但他还是坚持再带些武器。

“在丛林观察时，我见到几只浅黄胸大亭鸟飞过，它们时而大声鸣叫‘churr-r-r’，时而模仿其他鸟类的声音，尤其是 *Tropidorhynchus*。此前我从未遇到过这样机敏的鸟，很长时间它都引诱我跟它保持一定距离，它飞落到小亭上储存一两个浆果，然后离开。开枪是不可能的。我们掩藏得很深，一只觅食的袋鼠从身边经过都没发现。最终在我的耐心耗尽之前，我看到一只鸟进了亭子，然后消失不见了，我就在树枝间胡乱开了一枪，竟幸运地击中了一只。”

浅黄胸大亭鸟头顶褐灰色，前额有白色斑点。背部、羽翼和尾羽深褐色，背部每根羽毛的端部都有白点。初级飞羽和次级飞羽边缘白色。喉部和胸部上方深灰色，杂以浅红色条纹。下体其余地方米色。喙、腿和脚黑色。

黄胸大亭鸟

Chlamydodera xanthogastra

命名变迁及文献出处：

SERICULUS XANTHOGASTER, Schlegel, Tijdsch. Dierk. (1871) pt. v. p. 50.
CHLAMYDODERA XANTHOGASTRA, Elliot, Ibis (1872), p. 113.

分布： 新几内亚（罗森伯格）

J.Wolf & J.Smit del et lith. M & N Hanhart imp.

CHLAMYDODERA XANTHOGASTRA

斑园丁鸟

Aeluroedus melanotis

命名变迁及文献出处：

PTILONORHYNCHUS MELANOTIS, Gray, Proc. Zool. Soc. (1858) p. 181. sp. 75. —Von Rosenb. Jour. für. Ornith. (1864) p. 122. —Schleg. Tijdsch. Dierk. pt. v. p. 51.

AILUROEDUS MELANOTIS, Gray, Hand-l. Birds (1869), part i. p. 294, sp. 4338.

分布： 阿鲁群岛（华莱士）；沃卡姆、爪亘和梅克尔群岛（罗森伯格）

J. Wolf & J. Smit del. et lith. M & N Hanhart imp.

AILURÆDUS MELANOTUS

这种鸟也叫“黑颊猫鸟”（直译自英文名），由格雷依据华莱士在阿鲁群岛捕获的标本描述命名，是园丁鸟的另一种。样子很像白耳园丁鸟，但喙更大。有关数量和习性的信息暂时没有，目前可收集的信息很有限，这种鸟还属于珍稀物种。大英博物馆有一只标本，华莱士的私人收藏中有一只，我也仅有一只，加上莱顿博物馆的那只，是现存所有的藏品了。

头上部黑褐色，每根羽毛梢部都有圆形米色斑点。背部上方相同，但斑点更大。背部、羽翼和尾羽深绿色，后者梢部白色。耳覆羽黑色。喉部白色，有深褐色条纹。胸部上方黑褐色，端部有心形白色斑点。腹部和尾下覆羽亮黄色。肋部绿黄色，羽毛中间褐色。喙黄白色。脚和跗跖黑色。

雌雄外貌无明显差异。

白耳园丁鸟

Aeluroedus buccoides

命名变迁及文献出处：

KITTA BUCCOIDES, Temm. Plan. Col. vol. ii. p. 147, pl. 575. —Von Rosenb. Journ. für Ornith. (1864) p. 122.

AILUROEDUS BUCCOIDES, G. R. Gray, Hand-l. Birds (1869), pt. i. p. 294. sp. 4337. —Schleg. Tijdsch. Dierk. pt. v. p. 49.

CISSA BUCCOIDES, Gray, Gen. of Birds, Append. p. 14.

分布：新几内亚、萨尔瓦蒂（格雷、特明克）；索龙、巴丹塔和卫古岛（伯恩斯坦）

J. Wolf & J. Smit del. et lith.

M & N. Hanhart imp.

AILURÆDUS BUCCOIDES.

这种鸟曾被特明克描述为绿园丁鸟，并给出了一幅图。他提到自己见过两只标本，是旅行者从新几内亚的劳伯湾捕到给他的。数量和习性尚不明确，是罕见鸟类，只在偶尔的几次来自新几内亚海岸的标本收藏中出现过。我猜想，它可能与斑园丁鸟、绿园丁鸟习性相似，很可能也会建亭。

头顶深红褐色，两颊发白。喉部白色，有黑色斑点。颈后和肩羽有稀疏的长羽毛，白色，上有黑色宽斑纹。羽翼、背部和尾羽为明亮的草绿色。下体米白，每根羽毛梢部都有黑色斑点。喙黄白色。脚和跗跖铅黑色。

雌雄外貌无明显差异。

褐色园丁鸟

Amblyornis inornata

命名变迁及文献出处：

PTILONORHYNCHUS INORNATUS, Schleg. Tijdsch. Dierk. (1871) pl. v. p. 51.

AMBLYORNIS INORNATA, Elliot, Ibis, (1872) p. 114.

分布： 新几内亚（罗森伯格）

J. Wolf & J. Smit del. et lith. M & N Hanhart imp.

AMBLYORNIS INORNATUS

罗森伯格新几内亚之行的另一收获便是这种新奇的园丁鸟。他捕到几只寄给了莱顿博物馆，并由施莱格尔教授加以描述："目前已知的园丁鸟中只有两种生活在新几内亚地区，一种是白耳园丁鸟，另一种是斑园丁鸟。在罗森伯格深入到新几内亚北部地区的最后一次探险中，他发现了第三种——褐色园丁鸟。它们外形很像白耳园丁鸟，但是尾羽更长，喙和脚没那么强壮。它们的颜色也与众不同，相对比较单调，容易辨识。雌雄颜色相似，但体型稍小。"

头和背部以上红褐色。其余上体深褐色。羽翼红褐色，初级飞羽深褐色。整个下体深米色。尾羽深褐色。喙、脚和跗跖黑色。

雌雄羽毛无明显差异。

附　录

参考文献外文缩写对照

Bechst. Kurze Ueber. *Bechstein, Kurze Uebersicht aller bekannten Vögel & c.*

Bernst. Nederl. Tijds. Dierk. *Bernstein, Nederlandsch Tijdschrift voor de Dierkunde.*

Blumenb. Abbild. natur. Gegen. *Blumenbach, Abbildungen naturhistorischer Gegenstände.*

Bodd. Tab. Plan. Enlum. *Boddaert, Tableau des Planches Enluminées de Buffon.*

Bon. Ann. Scien. Nat. *Bonaparte in the Annales des Sciences Naturelles.*

Bon. Consp. Gen. Av. *Bonaparte, Conspectus Generum Avium.*

Bonap. Compt. Rend. *Bonaparte in the Comptes Rendus.*

Briss. Hist. des Ois. *Brisson, Histoire des Oiseaux.*

Buff. Plan. Enlum. *Buffon, Planches Enluminées.*

Cab. Mus. Hein. *Cabanis, Museum Heineanum.*

Cass. Journ. Acad. Nat. Scien. *Cassin in the Journal of the Academy of Natural Sciences of Philadelphia.*

Cuv. Règn. Anim. *Cuvier, Règne Animal.*

Diggl. Austr. Orn. *Diggles, Australian Ornithology.*

Edw. Birds. *Edwards's Birds.*

Elliot, Ibis. *Elliot in The Ibis.*

Elliot, Proc. Zool. Soc. *Elliot in the Proceedings of the Zoological Society.*

Eyd. & Souley. Voy. de la Bonite. *Eydoux and Souleyet in the Voyage de la Bonite.*

Forst. Ind. Zool. *Forster, Indische Zoologie.*

Gmel. Syst. Nat. *Gmelin's edition of Linnaeus's Systema Naturae.*

Goodwin, Proc. Zool. Soc. *Goodwin in the Proceedings of the Zoological Society.*

Gould, Ann. & Mag. Nat. Hist. *Gould in the Annals and Magazine of Natural History.*

Gould, Birds of Austr. *Gould, The Birds of Australia.*

Gould, B. of Austr. Supp. *Gould, in Supplement to Birds of Australia.*

Gould, Hand-book B. Austr. *Gould, Hand-book to the Birds of Australia.*

Gould, Proc. Zool. Soc. *Gould in the Proceedings of the Zoological Society.*

Gould, Voy. Rattlesnake. *Gould, in the Voyage of the Rattlesnake.*

Gray, Gen. Birds. *G. R. Gray, Genera of Birds.*

Gray, Hand-l. Birds. *G. R. Gray, Hand-list of Birds.*

Gray, G. R., List Gen. Birds. *G. R. Gray, List of the Genera of Birds.*

Gray, Proc. Zool. Soc. *G. R. Gray, in the Proceedings of the Zoological Society.*

Gray, J. E., Illus. Ind. Zool. *J. E. Gray, Illustrations of Indian Zoology.*

Homb. et Jacq. Voy. au Pôle Sud. *Hombron and Jacquinot, Voyage au Pôle Sud.*

Jard. & Selb. Ill. Orn. *Jardine and Selby, Illustrations of Ornithology.*

Kuhl, Beytr. zur Zool. *Kuhl, Beyträge zur Zoologie.*

Lath. Gen. Hist. Birds. *Latham, General History of Birds.*

Lath. Gen. Syn. *Latham, General Synopsis.*

Lath. Ind. Orn. *Latlam, Index Ornithologicus.*

Lerw. Birds N. Holl. *Lerwin, Birds of New Holland.*

Less. Cent. Zool. *Lesson, Centurie de Zoologie.*

Less. Man. Ornith. *Lesson, Manuel d'Ornithologie.*

Less. Ois. Parad. *Lesson, Oiseaux de Paradis.*

Less. Trait. Ornith. *Lesson, Traité d'Ornitlaologie.*

Less. Voy. Coquille. *Lesson in the Voyage de la Coquille.*

Levaill. Hist. Nat. Ois. Parad. *Levaillant, Histoire Naturelle des Oiseaux de Paradis.*

Levaill. Hist. Nat. des Promerops. *Levaillant, Histoire Naturelle des Promerops.*

Linn. Syst. Nat. *Linnœus, Systema Naturœ.*

Newton, Ibis. *Newton in the Ibis.*

Payk. N. Act. Upsal. *Paykull, in Nova Acta Regiœ, So- cietatis Scientiarum Upsaliensis.*

Ramsay, Ibis. *Ranzsay in The Ibis.*

Reich. Hand. der spec. Orn. *Reichenbach, Handbuch der speciellen Ornithologie.*

Schleg. Journ. für Ornith. *Schlegel in the Journal für Ornithologie.*

Schleg. Mus. Pays-Bas. *Schlegel, Museum des Pays-Bas.*

Schleg. Tijdsch. Dierk. *Schlegel, Nederlandsch Tijdschrift voor de Dierkunde.*

Sclat. Proc. Zool. Soc. *Sclater in the Proceedings of the Zoological Society.*

Scop. Flor. Faun. Insub. *Scopoli, Deliciae Faunae et Florae Insubricae.*

Shaw, Gen. Zool. *Shaw, General Zoology.*

Shaw, Nat. Misc. *Shaw in Naturalist's Miscellany.*

Sonn. Voy. Nouv. Guin. *Sonnerat, Voyage dans la Nouvelle Guinée.*

Swain. Class. Birds. *Swainson, Classification of Birds.*

Swain. Zool. Journ. *Swainson, Zoological Journal.*

Temm. Plan. Col. *Temminck, Planches Coloriées.*

Vieill. Analy. *Vieillot, Analyse.*

Vieill. Encycl. Méth. *Vieillot in the Encyclopédie Méthodique.*

Vieill. Nouv. Dict. Hist. Nat. *Vieillot in the Nouveau Dictionnaire d'Histoire Naturelle.*

Vieill. Ois. Dor. *Vieillot in the Oiseaux Dorés.*

Vig. & Horsf. Trans. Linn. Soc. *Vigors and Horsfield in the Transactions of the Linnean Society.*

Von Rosenb. Jour. für Ornith. *Von Rosenberg in the Journal für Ornithologie.*

Wagl. Syst. Av. *Wagler, Systema Avium.*

Wall. Ann. and Mag. Nat. Hist. *Wallace in the Annals and Magazine of Natural History.*

Wall. Ibis. *Wallace in The Ibis.*

Wall. Malay Archip. *Wallace, Malay Archipelago.*

Wall. Proce. Zool. Soc. *Wallace in the Proceedings of the Zoological Society.*

Wils. Illus. Zool. *Wilson, Illustrationgs of Zoology.*

本书天堂鸟名称对照表[①]

中文名	英文名	本书学名	现学名	所属科名
大极乐鸟	Greater Bird-of-paradise	*Paradisea apoda*	*Paradisaea apoda*	极乐鸟科
新几内亚极乐鸟	Raggiana Bird-of-paradise	*Paradisea raggiana*	*Paradisaea raggiana*	极乐鸟科
小极乐鸟	Lesser Bird-of-paradise	*Paradisea minor*	*Paradisaea minor*	极乐鸟科
红极乐鸟	Red Bird-of-paradise	*Paradisea sanguinea*	*Paradisaea rubra*	极乐鸟科
绿胸辉极乐鸟	Crinkle-collared Manucode	*Manucodia chalybea*	*Manucodia chalybatus*	极乐鸟科
黑辉极乐鸟	Glossy-mantled Manucode	*Manucodia atra*	*Manucodia ater*	极乐鸟科
号声极乐鸟	Trumpet Manucode	*Manucodia keraudreni*	*Phonygammus keraudrenii*	极乐鸟科
黑蓝长尾风鸟	Arfak Astrapia	*Astrapia nigra*	*Astrapia nigra*	极乐鸟科

① 该对照表为译者编写。

（续表）

阿法六线风鸟	Western Parotia	*Parotia sexpennis*	*Parotia sefilata*	极乐鸟科
华美极乐鸟	Superb Bird-of-paradise	*Lophorina atra*	*Lophorina superba*	极乐鸟科
丽色极乐鸟	Magnificent Bird-of-paradise	*Diphyllodes speciosa*	*Diphyllodes magnificus*	极乐鸟科
丽色极乐鸟的 *chrysoptera* 亚种	Magnificent Bird-of-paradise	*Diphyllodes chrysoptera*	*Diphyllodes magnificus*	极乐鸟科
威氏极乐鸟	Wilson's Bird-of-paradise	*Diphyllodes respublica*	*Diphyllodes respublica*	极乐鸟科
辉亭鸟	Masked Bowerbird	*Xanthomelus aureus*	*Sericulus aureus*	园丁鸟科
王极乐鸟	King Bird-of-paradise	*Cicinnurus regius*	*Cicinnurus regius*	极乐鸟科
长尾肉垂风鸟	Long-tailed Paradigalla	*Paradigalla carunculata*	*Paradigalla carunculata*	极乐鸟科
幡羽极乐鸟	Standardwing	*Semioptera wallacii*	*Semioptera wallacii*	极乐鸟科
黑镰嘴风鸟	Black Sicklebill	*Epimachus speciosus*	*Epimachus fastosus*	极乐鸟科
艾略特镰嘴风鸟	Ellioti's Bird of Paradise	*Epimachus ellioti*	*Epimachus ellioti*	极乐鸟科
黑嘴镰嘴风鸟	Black-billed Sicklebill	*Drepanornis albertisi*	*Drepanornis albertisi*	极乐鸟科

（续表）

十二线极乐鸟	Twelve-wired Bird-of-paradise	*Seleucides alba*	*Seleucidis melanoleucus*	极乐鸟科
丽色掩鼻风鸟	Magnificent Riflebird	*Ptiloris magnificus*	*Ptiloris magnificus*	极乐鸟科
丽色掩鼻风鸟的 *alberti* 亚种	Magnificent Riflebird	*Ptiloris alberti*	*Ptiloris magnificus*	极乐鸟科
大掩鼻风鸟	Paradise Riflebird	*Ptiloris paradiseus*	*Ptiloris paradiseus*	极乐鸟科
小掩鼻风鸟	Victoria's Riflebird	*Ptiloris victoriae*	*Ptiloris victoriae*	极乐鸟科
黄头辉亭鸟	Regent Bowerbird	*Sericulus melinus*	*Sericulus chrysocephalus*	园丁鸟科
缎蓝园丁鸟	Satin Bowerbird	*Ptilonorhynchus violaceus*	*Ptilonorhynchus violaceus*	园丁鸟科
劳氏园丁鸟（杂交种）	无	*Ptilonorhynchus rawnsleyi*	无	园丁鸟科
斑大亭鸟	Spotted Bowerbird	*Chlamydodera maculata*	*Chlamydera maculata*	园丁鸟科
大亭鸟	Great Bowerbird	*Chlamydodera nuchalis*	*Chlamydera nuchalis*	园丁鸟科
浅黄胸大亭鸟	Fawn-breasted Bowerbird	*Chlamydodera cerviniventris*	*Chlamydera cerviniventris*	园丁鸟科
黄胸大亭鸟	Yellow-breasted Bowerbird	*Chlamydodera xanthogastra*	*Chlamydera lauterbachi*	园丁鸟科

（续表）

绿园丁鸟	Green Catbird	*Aeluroedus crassirostris*	*Ailuroedus crassirostris*	园丁鸟科
斑园丁鸟	Spotted Catbird	*Aeluroedus melanotis*	*Ailuroedus melanotis*	园丁鸟科
白耳园丁鸟	White-eared Catbird	*Aeluroedus buccoides*	*Ailuroedus buccoides*	园丁鸟科
褐色园丁鸟	Vogelkop Bowerbird	*Amblyornis inornata*	*Amblyornis inornata*	园丁鸟科